Christian Schlieder

Autodesk® Inventor® 2016
Aufbaukurs KONSTRUKTION

Viele praktische Übungen am
Konstruktionsobjekt GETRIEBE

Christian Schlieder

Autodesk® Inventor® 2016
Aufbaukurs KONSTRUKTION

Viele praktische Übungen am
Konstruktionsobjekt GETRIEBE

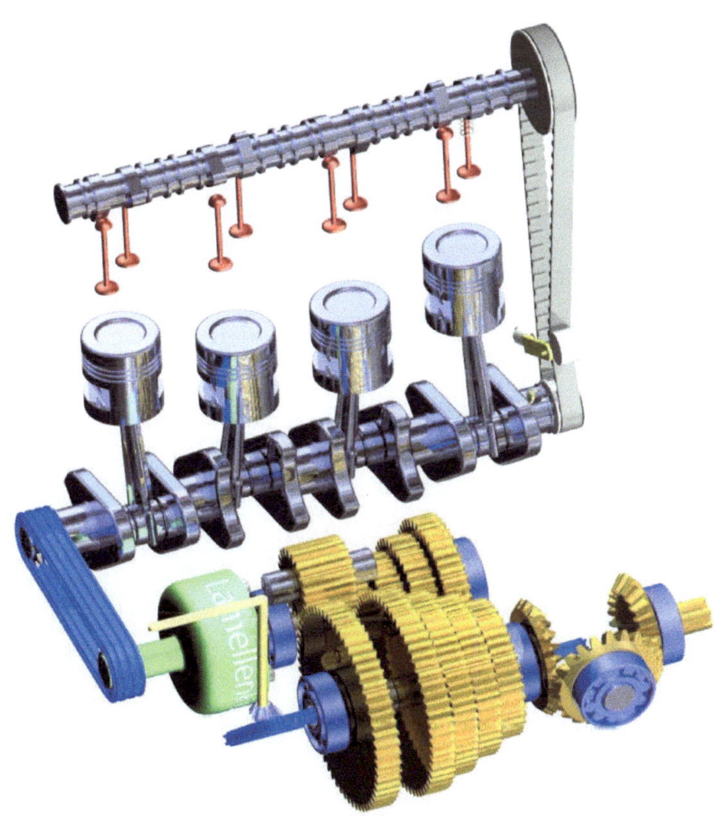

Verfügbare Literatur

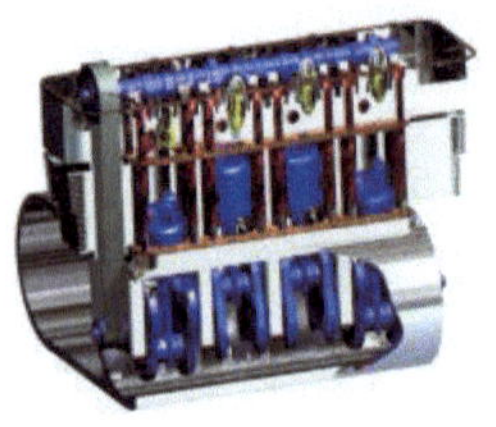

Autodesk® Inventor® - Grundlagen in Theorie und Praxis

Das Grundlagenbuch vermittelt das notwendige Basiswissen in den Bereichen 2D-Skizze, 3D-Modellierung, Baugruppe, Zeichnungserstellung und Präsentation, um den Aufbaukurs KONSTRUKTION bearbeiten zu können.

Autodesk® Inventor® - Tutorial HYBRIDJACHT

In diesem Tutorial werden eine Motorjacht und ein Segelboot konstruiert. Das Buch ist für Neueinsteiger geschrieben worden. Inhalt: Projektverwaltung, Skizzen, Modelle, Baugruppen, Inhaltscenter.

Autodesk® Inventor® - Tutorial HUBSCHRAUBER

In diesem Tutorial wird ein Hubschrauber konstruiert. Das Buch ist für Neueinsteiger geschrieben worden. Inhalt: Projektverwaltung, Skizzen, Modelle, Baugruppen, Inhaltscenter.

Autodesk® Inventor® - Tutorial HOLZRÜCKMASCHINE

In diesem Tutorial wird eine Holzrückmaschine konstruiert. Das Buch ist für Neueinsteiger geschrieben worden. Inhalt: Projektverwaltung, Skizzen, Modelle, Baugruppen, Inhaltscenter.

Autodesk® AutoCAD® - Grundlagen in Theorie und Praxis

Mit diesem Buch wird der Leser anhand des komplexen Übungsbeispiels Digitale Fabrikplanung das Programm Autodesk® AutoCAD® kennenlernen. Das Projekt wird im 2D-Bereich gezeichnet und danach in den 3D-Bereich übertragen.

Mehr im Internet unter:

http://www.cad-trainings.de/html/Literatur.html

ISBN

978-3-7386-1512-8

IMPRESSUM

Dipl.- Ing. Christian Schlieder
www.cad-trainings.de
Fax: +49 (0) 3212 - 1122290

HERSTELLUNG UND VERLAG

BoD - Books on Demand, Norderstedt
www.BoD.de

INHALTSVERZEICHNIS

1 Grundlegendes zum Buch

1.1 Zielgruppe & Aufbau des Buches

Dieses Buch ist ein Aufbaukurs für Fortgeschrittene, die mit den Grundlagen von **Autodesk® Inventor® 2016** bereits vertraut sind. Das Programm verfügt im Baugruppenbereich über ein Register **Konstruktion** welches zur Berechnung und Konstruktion, speziell im Maschinenbau verwendeter Komponenten dient. In einem komplexen Übungsbeispiel wird der Leser theoretische Grundlagen einiger Befehle aus diesem Register erlernen und anschließend praktisch umsetzen.

Das verwendete Übungsbeispiel baut auf das Grundlagenbuch **Autodesk® Inventor® 2016 – Grundlagen in Theorie und Praxis** auf, in welchem ein vereinfachter 4-Takt-Motor erstellt wurde. Dieser Motor wird im vorliegenden Buch um ein Getriebe erweitert.

In diesem Buch werden die folgenden Befehle des Registers **Konstruktion** behandelt:

- *Druckfeder-Generator*
- *Gehrungen erzeugen*
- *Gestell-Generator*
- *Kegelräder-Generator*
- *Keilwellen-Generator*
- *Lager-Generator*
- *Rollenketten-Generator*
- *Schraubenverbindungs-Generator*
- *Stirnräder-Generator*
- *Wellen-Generator*
- *Zahnriemen-Generator*
- *Zugfeder-Generator*

Das Übungsbeispiel bietet genügend Möglichkeiten, die Befehlsketten sporadisch zu verlassen und eigene Versuche mit den Befehlen zu starten.

1.2 Erzeugen des Projektordners/ Herunterladen der Übungsdateien

Bevor Sie mit der Umsetzung des Projekts beginnen, sollten die folgenden Arbeiten erledigt werden:

Erzeugen eines neuen Projektordners

Erstellen Sie auf Ihrem PC an geeigneter Stelle einen neuen Ordner:

> ➤ **Inventor-2016-Übung-Konstruktion**

Herunterladen der Übungsdateien

Besuchen Sie im Internet die folgende Website:

> ➤ **http://www.cad-trainings.de/html/Download.html**

Suchen Sie das passende Buch und klicken Sie auf den nebenstehenden Link, um die zum Buch gehörende Übungsdatei (ZIP-Format) auf Ihrem PC zu speichern. Speichern Sie die Datei in dem vorher erzeugten Projektordner **Inventor-2016-Übung-Konstruktion** und entpacken Sie die Datei dort hinein. Die darin enthaltenen Dateien werden später benötigt.

2 Installation von Autodesk® Inventor® 2016

2.1 Systemanforderungen

Die folgenden von Autodesk® empfohlenen Systemanforderungen gelten für Bauteile und Baugruppen mit weniger als 1000 Bauteilen:

Betriebssystem	Mindestens: 32-Bit Microsoft® Windows® 7 mit Service Pack 1 Empfohlen: 64-Bit-Microsoft® Windows® 7 mit Service Pack 1 oder Windows 8. 1
CPU-Typ	Mindestens: 64-Bit Intel® oder AMD® mit 2 GHz Empfohlen: Intel® Xeon® E3 oder Core® i7 oder min. 3 GHz
Arbeitsspeicher	Mindestens: 8 GB RAM Empfohlen: 16 GB Ram oder mehr
Festplatte	Mindestens: 100 GB freier Festplattenspeicher Empfohlen: 250 GB freier Festplattenspeicher oder mehr
Grafikkarte	Mindestens: Microsoft® Direct3D 10 fähige Grafikkarte Empfohlen: Microsoft® Direct3D 11 fähige Grafikkarte
Sonstiges	DVD-ROM oder USB, 1280 x 1024 oder höhere Bildschirmauflösung, Internetverbindung für Autodesk® 360-Funktionalität, Web-Downloads und Zugriff auf die Subskriptionsüberprüfung, Adobe® Flash® Player 15, Microsoft® Internet Explorer® 8 oder höher, Microsoft® Excel® 2007, 2010 oder 2013 für iFeatures, iParts, iAssemblies, Gewindeanpassungen, globale Stückliste, Teilelisten, Revisionstabellen und tabellenbasierte Konstruktionen, 64-Bit-Microsoft® Office® Access® 2007, -dBase IV, Text und CSV-Format, Microsoft® .NET Framework 4. 5

2.2   Anforderungen an das Betriebssystem

Die Installation von Autodesk® Inventor® 2016 erfordert ein Windows® Betriebssystem. Nutzer eines Apple® Betriebssystems, können das Programm mithilfe von Boot Camp® oder Parallels Desktop® unter Beachtung der folgenden Systemvoraussetzungen installieren:

Betriebssystem	Mindestens: Mac OS® X 10.9.x Empfohlen: Mac OS® X 10. 10.x
CPU-Typ	Mindestens: Intel® Core 2 Duo (3 GHz oder höher)
Arbeitsspeicher	Mindestens: 8 GB RAM Empfohlen: 16 GB Ram oder mehr
Partitionsgröße **Partitionsgröße**	Mindestens: 100 GB freier Festplattenspeicher Empfohlen: 250 GB freier Festplattenspeicher oder mehr
Betriebssystem	Empfohlen: Microsoft® 64-Bit-Windows® 7 mit Service Pack 1, Windows® 8. 1

2.3   Download des Programms

Sollten Sie die Software nicht bereits per DVD besitzen, haben Sie die folgenden Möglichkeiten, Autodesk®-Produkte unter den folgenden Links herunterzuladen:

Autodesk® **Store**	Wenn Sie die Programmversion kaufen möchten: ➢ http://www.autodesk.com/store/storeselect.htm
Autodesk®- **Konto**	Als Subscription-Kunde bei Ihrem Autodesk® Konto: ➢ https://accounts.autodesk.com/
Education **Community**	Als Mitglied der Education Community: ➢ http://www.autodesk.com/education/free-software/all
Kostenlose **Testversionen**	Als kostenlose Testversion mit 30 Tagen Laufzeit: ➢ http://www.autodesk.com/free-trials

Unter dem folgenden Link finden Sie weitere Informationen zu kostenlosen Programmversionen von Autodesk® für Studenten und Lehrkräfte:

➢ *http://help.autodesk.com/view/INVNTOR/2016/DEU/?guid=GUID-32F591DA-32BF-42F2-8FAC-DF215412D1C3*

2.4   Installationsvoraussetzungen

Zugriffsrechte

Sie müssen über lokale Benutzer-Administratorrechte verfügen.

> ➤ *Systemsteuerung > Benutzerkonten > Benutzerkonten verwalten*

System-Updates/ Antivirenprogramm

Vor der Installation von Autodesk® Inventor® 2016 sollten eventuell noch ausstehende Updates von Windows® durchgeführt werden. Starten Sie den Rechner danach neu. Antivirenprogramme müssen während der Installation eventuell vorübergehend deaktiviert werden.

Language Packs

Prüfen Sie vor der Installation von Autodesk® Inventor® 2016, ob die heruntergeladene Programmversion in der richtigen Sprache vorhanden ist. Eventuell muss vorab ein Sprachpaket heruntergeladen und installiert werden.

Seriennummer/ Produktschlüssel

Vor der Installation sollten Seriennummer und Produktschlüssel in Erfahrung gebracht werden. Diese werden bereits während der Installation benötigt (Ausnahme: kostenlose Testversion). Weitere Informationen zum Thema finden Sie unter dem Link:

> ➤ *http://help.autodesk.com/cloudhelp/2016/DEU/Autodesk-Installaton/files/*
> *find_your_serial_number_and_product_key_evergreeninstall_to1.htm*

Beenden anderer Programme

Beenden Sie alle anderen Programme vor der Installation von Autodesk® Inventor® 2016.

2.5 Installation von Autodesk® Inventor® 2016

Stellen Sie vor der Installation von Autodesk® Inventor® 2016 sicher, dass alle Teile des Programms vollständig vorhanden sind. Wurden diese vollständig heruntergeladen (Schritt entfällt, wenn die Software auf DVD vorhanden ist), kann mit der Installation begonnen werden. Sollte das Installationsprogramm noch nicht geöffnet sein, starten Sie dieses. Sie finden es für gewöhnlich im Pfad:

> **C:\Autodesk\Inventor_2016_...\Setup.exe**

Nachdem Sie die Lizenzvereinbarung gelesen und akzeptiert haben, muss im Dropdown-Menü mit den Produktsprachen einer der folgenden Schritte durchgeführt werden:

1) Wählen Sie eine Sprache aus.
2) Wählen Sie unter Lizenztyp die Option **Einzelplatz**.
3) Geben Sie Seriennummer und Produktschlüssel ein (falls erforderlich).
4) Bestimmen Sie den Installationspfad (dieser Pfad darf maximal 260 Zeichen lang sein).
5) Übernehmen Sie die vorgegebene Konfiguration oder passen Sie die Installation an (weitere Informationen zur Konfiguration finden Sie in der Produktdokumentation).
6) Klicken Sie auf **Installieren**.
7) Nach der Installation: Klicken Sie auf **Fertig stellen**.

2.6 Aktivierung von Autodesk® Inventor® 2016

Online aktivieren und registrieren

Sobald Autodesk® Inventor® 2016 das erste Mal gestartet wurden, startet auch automatisch der Aktivierungsvorgang. Sollte der PC über eine bestehende Internetverbindung verfügen, führen Sie die folgenden Schritte aus:

1) Achten Sie darauf, dass Ihre Firewall den Datenaustausch zwischen Autodesk® Inventor® 2016 und dem Server von Autodesk® nicht unterbricht.
2) Starten Sie Autodesk® Inventor® 2016.
3) Stimmen Sie den Datenschutzrichtlinien zu.
4) Klicken Sie auf **Aktivieren**.
5) Geben Sie den Produktschlüssel ein, wenn Sie dazu aufgefordert werden sollten. Melden Sie sich an und registrieren Sie das Produkt.

Autodesk® überprüft jetzt die Berechtigungsinformationen, wie z. B. Ihre Seriennummer. Wenn Sie die Aktivierungsaufforderung sehen und keine Verbindung mit dem Internet herstellen können, ist die Aktivierung manuell vorzunehmen.

Manuelles Aktivieren und Registrieren (offline)

Sollte der PC über keine bestehende Internetverbindung verfügen, führen Sie die folgenden Schritte aus:

1) Starten Sie Autodesk® Inventor® 2016.
2) Stimmen Sie den Datenschutzrichtlinien zu.
3) Klicken Sie auf *Aktivieren*.
4) Wählen Sie Aktivierungscode *Mit einer Offlinemethode anfordern*.
5) Klicken Sie auf *Weiter*.
6) Notieren Sie die Aktivierungsinformationen, die auf dem Bildschirm angezeigt werden, einschließlich der URL.
7) Starten Sie ein Gerät mit einer bestehenden Internetverbindung.
8) Öffnen Sie die URL aus Punkt (6). Melden Sie sich an und registrieren Sie das Produkt.
9) Notieren Sie den Aktivierungscode.
10) Starten Sie Autodesk® Inventor® 2016.
11) Klicken Sie auf *Aktivieren*.
12) Wählen Sie die Option *Ich habe einen Aktivierungscode von Autodesk*.
13) Kopieren Sie den Aktivierungscode, und fügen Sie ihn in das erste Feld ein, um automatisch die anderen Felder auszufüllen.
14) Klicken Sie auf *Weiter*.

Weitere Informationen zu Installation und Aktivierung erhalten Sie unter dem folgenden Link:

> ➢ *http://knowledge.autodesk.com/customer-service/installation-activation-licensing*

3 Programmaufbau und Programmoberfläche

3.1 Programmaufbau

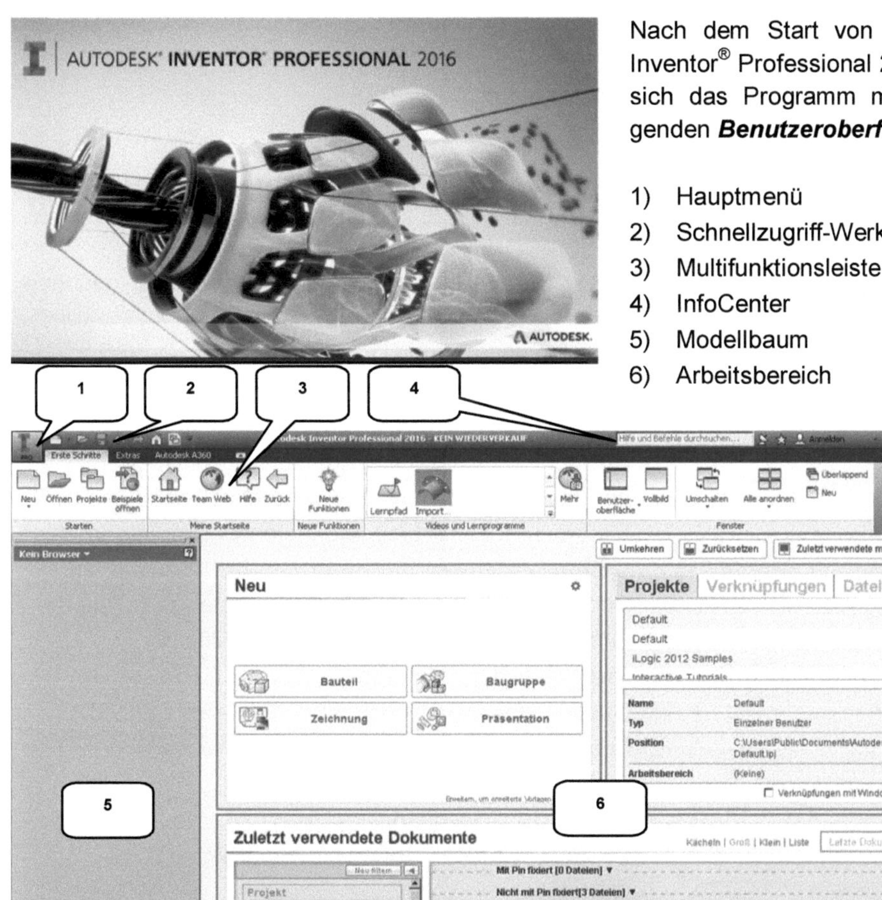

Nach dem Start von Autodesk[®] Inventor[®] Professional 2016 öffnet sich das Programm mit der folgenden **Benutzeroberfläche**:

1) Hauptmenü
2) Schnellzugriff-Werkzeuge
3) Multifunktionsleiste
4) InfoCenter
5) Modellbaum
6) Arbeitsbereich

3.2   Hauptmenü

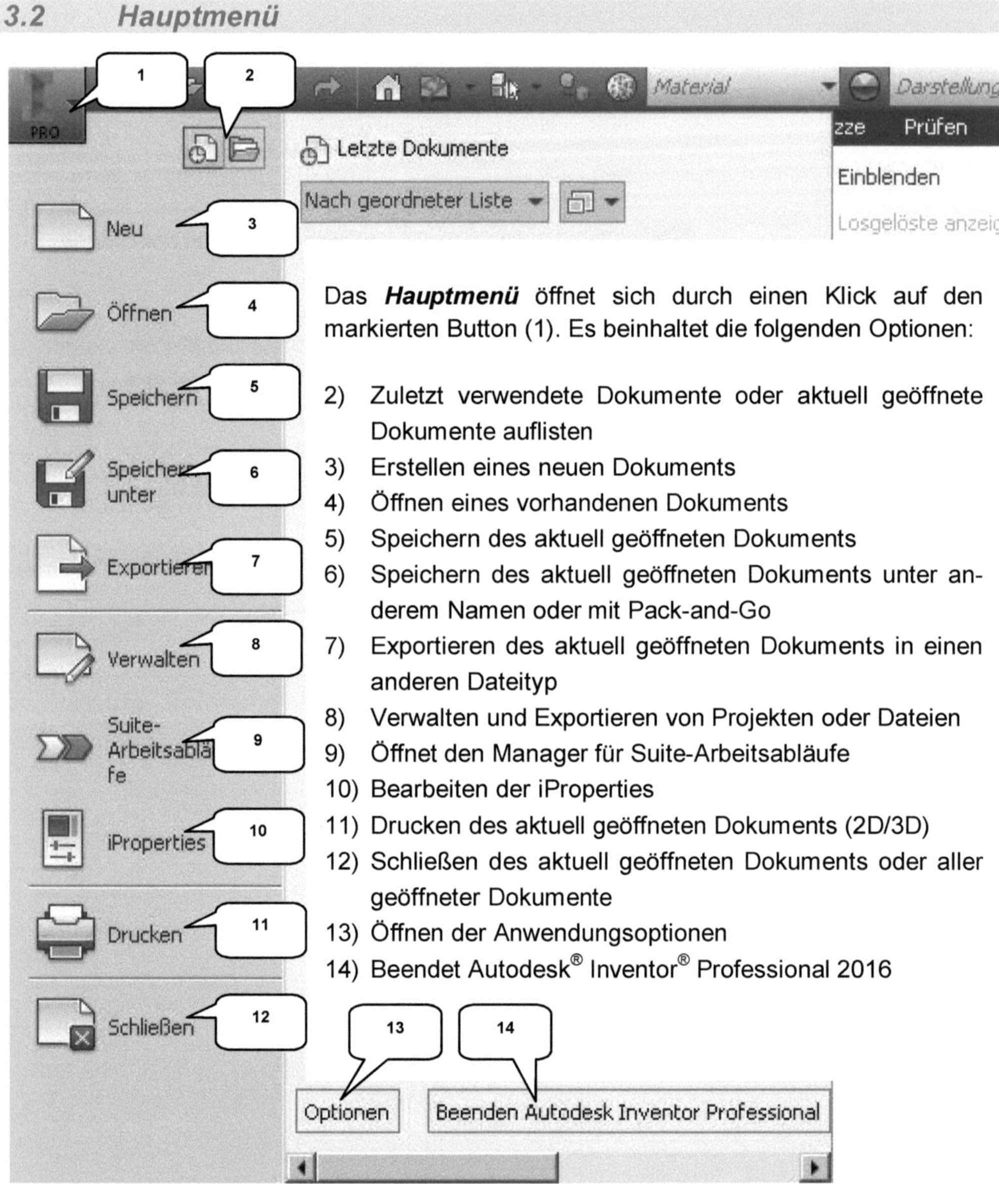

Das **Hauptmenü** öffnet sich durch einen Klick auf den markierten Button (1). Es beinhaltet die folgenden Optionen:

2) Zuletzt verwendete Dokumente oder aktuell geöffnete Dokumente auflisten
3) Erstellen eines neuen Dokuments
4) Öffnen eines vorhandenen Dokuments
5) Speichern des aktuell geöffneten Dokuments
6) Speichern des aktuell geöffneten Dokuments unter anderem Namen oder mit Pack-and-Go
7) Exportieren des aktuell geöffneten Dokuments in einen anderen Dateityp
8) Verwalten und Exportieren von Projekten oder Dateien
9) Öffnet den Manager für Suite-Arbeitsabläufe
10) Bearbeiten der iProperties
11) Drucken des aktuell geöffneten Dokuments (2D/3D)
12) Schließen des aktuell geöffneten Dokuments oder aller geöffneter Dokumente
13) Öffnen der Anwendungsoptionen
14) Beendet Autodesk® Inventor® Professional 2016

HINWEIS: Bleiben Sie mit dem Mauspfeil auf einem der Befehle (3...12) stehen, erscheinen dem Hauptbefehl zugeordnete weitere Befehle.

3.3 Schnellzugriff-Werkzeuge

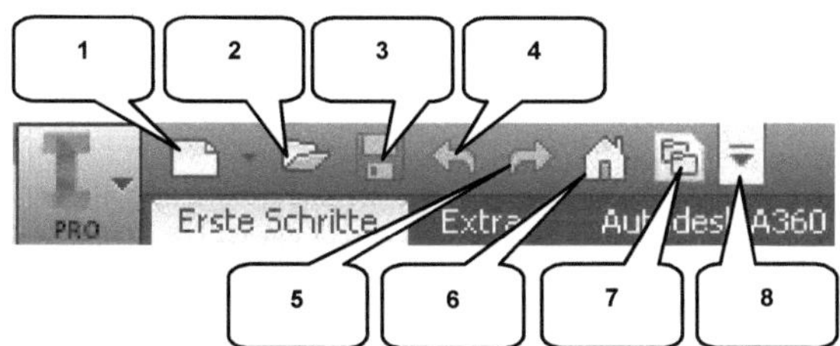

Die **Schnellzugriff-Werkzeuge** sind eine Ansammlung wichtiger und häufig verwendeter Befehle, welche einzeln ein- oder ausgeblendet werden können. Die folgenden Befehle befinden sich darin:

1) Erstellen einer neuen Datei
2) Öffnen einer vorhandenen Datei
3) Speichern der aktuell geöffneten Datei
4) Einen Arbeitsschritt zurück

5) Einen Arbeitsschritt vorwärts
6) Aktiviert die Startseite
7) Öffnet die Projektverwaltung
8) Schnellzugriff-Werkzeuge anpassen

3.4 Multifunktionsleiste

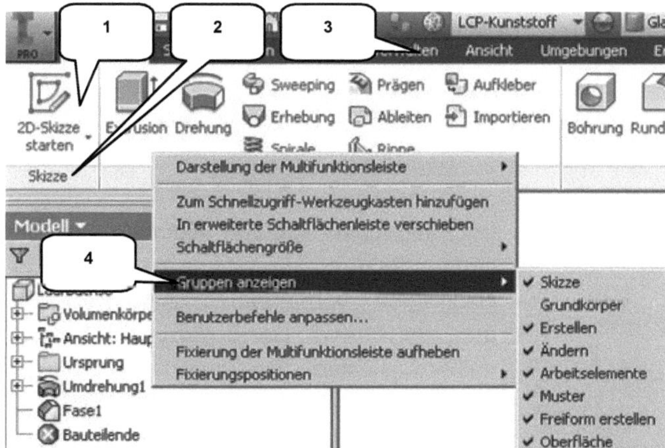

Die **Multifunktionsleiste** (1) befindet sich im oberen Bereich des Programms und beinhaltet verschiedene Befehlsgruppen (2), deren Inhalt entsprechend der Auswahl einer der verfügbaren Registerkarten (3) variiert. Jede Registerkarte enthält diverse Befehlsgruppen, welche beliebig ein- oder ausgeblendet werden können.

Um Befehlsgruppen ein- oder auszublenden, muss mit der **rechten Maustaste** auf einen beliebigen Punkt im Bereich der Multifunktionsleiste (1) geklickt und die Option **Gruppen anzeigen** (4) gewählt werden. In der erweiterten Auswahl (5), können die einzelnen Befehlsgruppen danach aktiviert oder deaktiviert werden.

HINWEIS: Sollten in diesem Buch Befehle verwendet werden, die Sie in Ihrer Multifunktionsleiste im entsprechenden Arbeitsbereich nicht finden können, kontrollieren Sie bitte, ob die entsprechende Befehlsgruppe aktiviert ist.

3.5 Modellbaum (Browser)

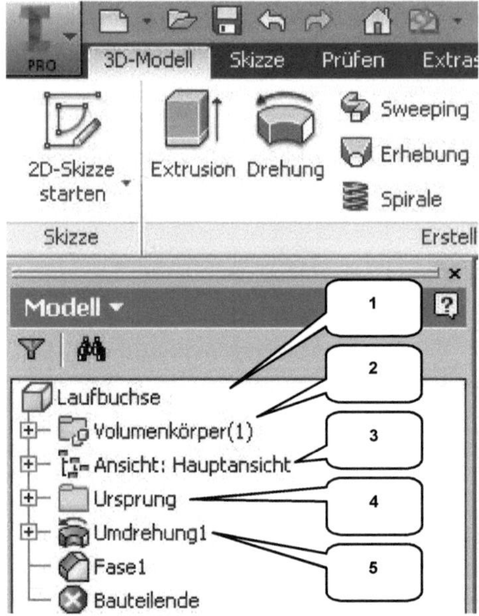

Der **Modellbaum** (Browser) (1) spiegelt den grundlegenden Aufbau eines Objekts wieder. Je nach Arbeitsbereich kann dieser inhaltlich variieren:

> ### Bauteil-Browser

Im Bauteil-Browser befinden sich der Ordner **Volumenkörper** (2) (listet die Anzahl der einzelnen Volumenkörper eines Bauteils auf), der Ordner **Ansicht** (3) (speichert verschiedene Ansichten eines Bauteils) und der Ordner **Ursprung** (4) (beinhaltet die Achsen und Ebenen des Bauteils). Außerdem werden alle bereits am Bauteil vorgenommenen **Arbeitsschritte** (5) chronologisch aufgelistet und können hier bearbeitet oder gelöscht werden.

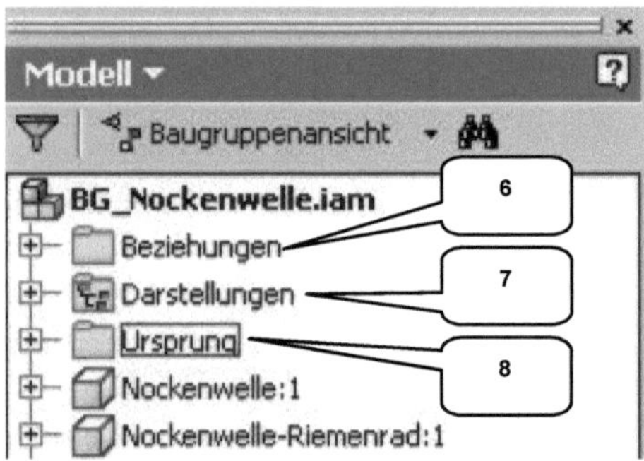

> ### Baugruppen-Browser

Im Baugruppen-Browser befinden sich der Ordner **Beziehungen** (6) (listet alle in einer Baugruppe vorhandenen Abhängigkeiten auf), der Ordner **Darstellungen** (7) (beinhaltet Ansichten, Positionen und Detailgenauigkeiten) und der Ordner **Ursprung** (8). Außerdem werden alle in der Baugruppe vorhandenen Komponenten aufgelistet.

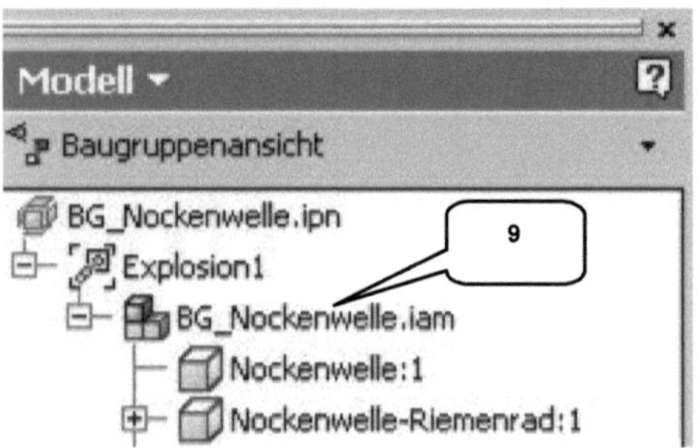

> ### Präsentations-Browser

Im Präsentations-Browser ist die dargestellte Baugruppe (9) aufgelistet. Jedes in der Präsentation animierte Bauteil wird zusätzlich um die hinzugefügten Animationspfade ergänzt.

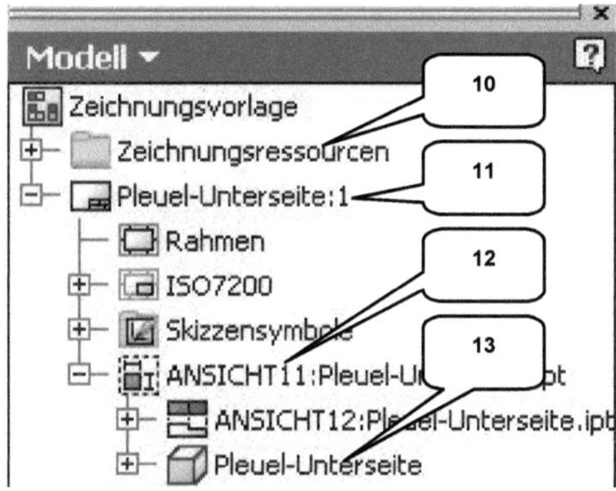

> ## *Zeichnungs-Browser*

Der Zeichnungs-Browser enthält den Ordner *Zeichnungsressorcen* (10) (beinhaltet Arbeitsblattformate, Ränder, Schriftfelder und vordefinierte Symbole) und alle, in der Datei vorhandenen *Zeichnungsblätter* (11). Jedes Zeichnungsblatt beinhaltet die dem Blatt zugeordneten Arbeitsblattformate, Ränder, Schriftfelder und Symbole sowie dargestellten Ansichten (12) mit den darin abgebildeten Komponenten (13).

3.6   Arbeitsbereich
3.6.1   Startbildschirm

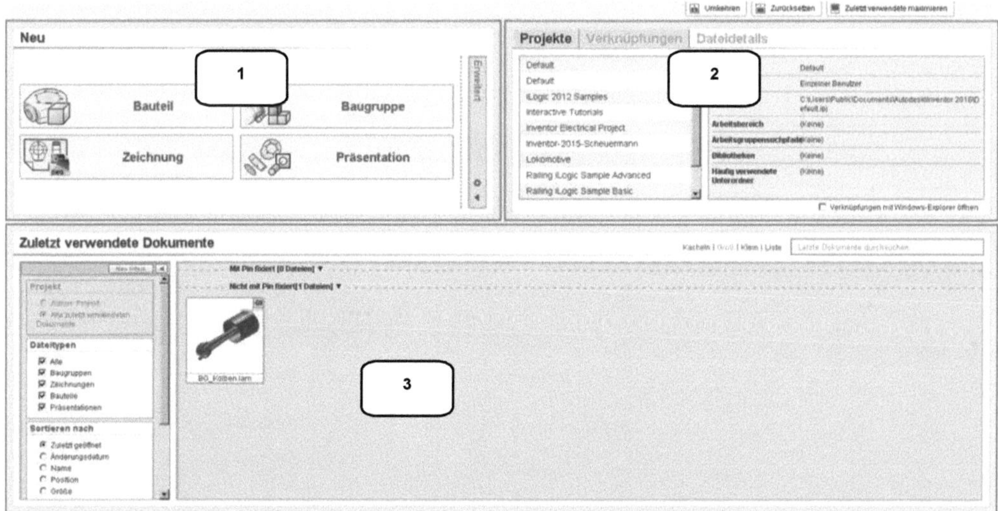

Nach dem Start von Autodesk® Inventor® Professional 2016 wird dem Benutzer ein *Startbildschirm* mit den folgenden Inhalten angeboten:

1) Erstellen einer neuen Datei
2) Aktivieren vorhandener Projekte und Darstellen zugehöriger Verknüpfungen und Details
3) Darstellen zuletzt verwendeter Dokumente mit zusätzlichen Filteroptionen

4 Die ersten Schritte

4.1 Programmhilfe und Neue Funktionen

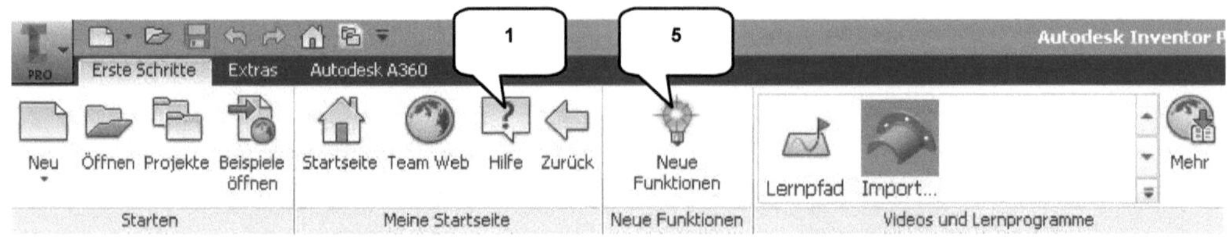

Im Register **Erste Schritte** (Befehlsgruppe **Meine Startseite**) befindet sich der Befehl **Hilfe** (1). Ein Klick darauf öffnet im Arbeitsbereich die Autodesk® Inventor® Professional 2016 Hilfe.

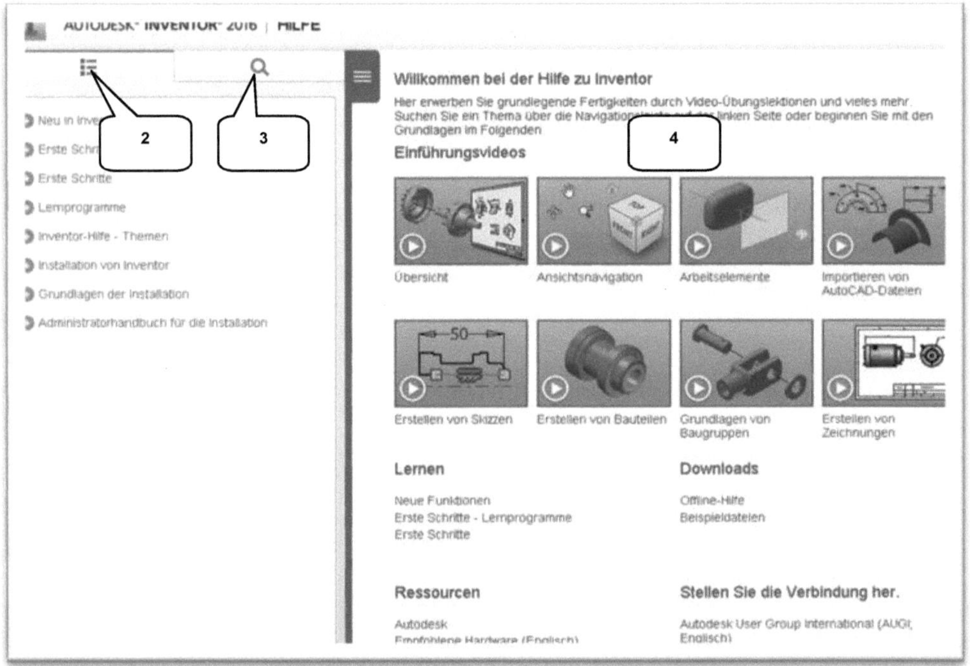

Hier können Sie entweder in der **Inhaltsübersicht** (2) aus einem der angebotenen Themengebiete auswählen, oder bestimme Befehle oder Begriffe direkt **suchen** (3). Im **Ausgabebereich** (4) werden die jeweiligen Ergebnisse angezeigt. Zusätzlich können Sie den Befehl **Neue Funktionen** (5) starten, um sich die Unterschiede zur Programmversion 2015 aufzeigen zu lassen.

4.2 Videos und Lernprogramme

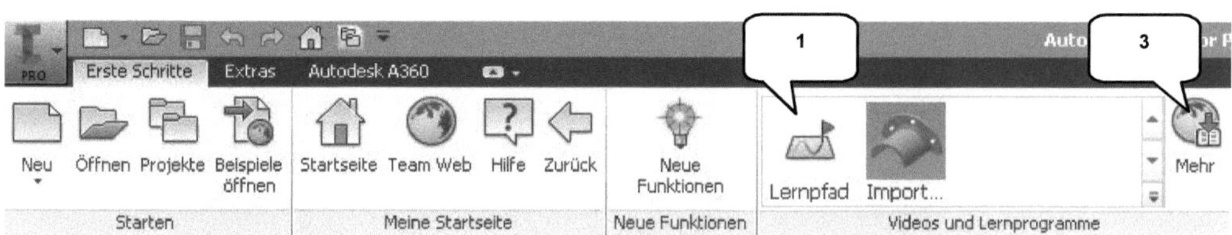

Im Register **Erste Schritte** (Befehlsgruppe **Videos und Lernprogramme**) befindet sich der Befehl ⬆ **Lernpfad** (1). Ein Klick darauf öffnet im Arbeitsbereich eine interaktive Lernumgebung (2), in der Sie schrittweise nützliche Hinweise im Umgang mit der Software erlernen und verschiedene Lernprogramme starten können.

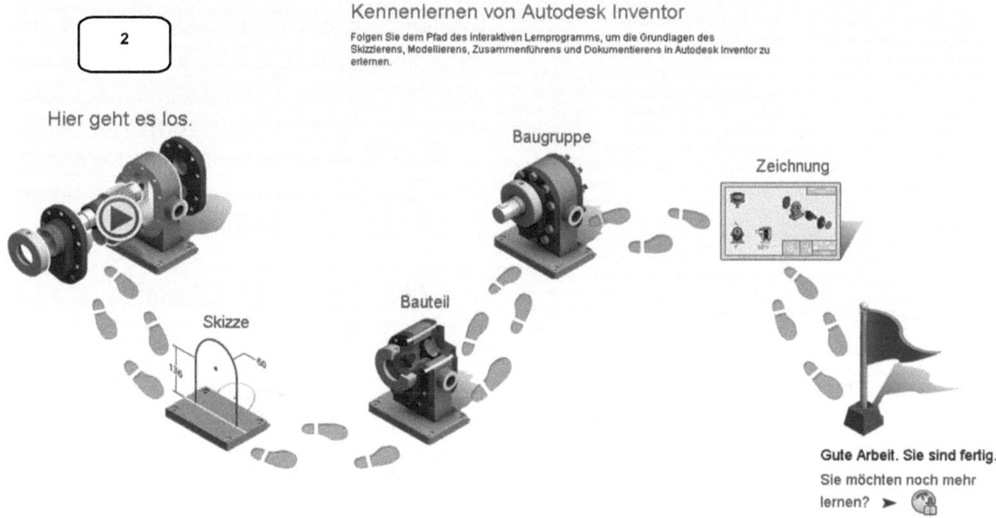

Mit dem Befehl 🌐 **Mehr** (3) öffnet sich im Arbeitsbereich eine Übersicht, weiterer verfügbarer Lernprogramme (4), welche Sie zusätzlich herunterladen können.

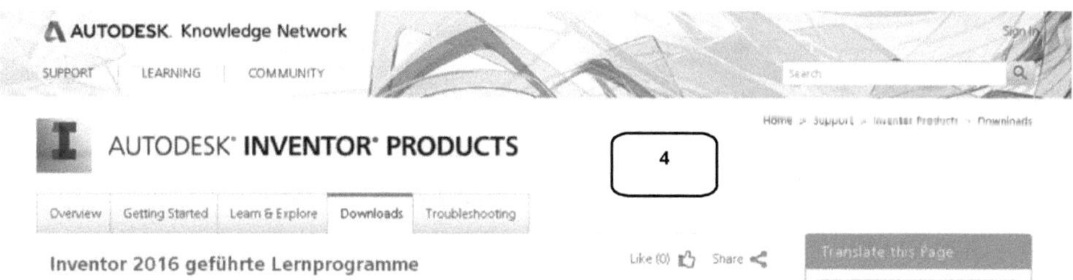

4.3 Zusatzmodule (empfohlene Einstellungen)

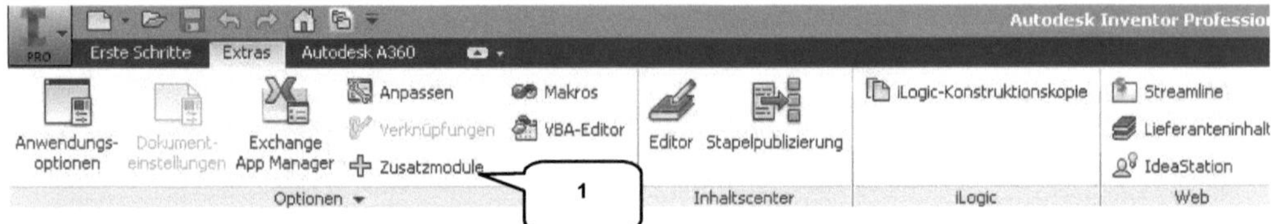

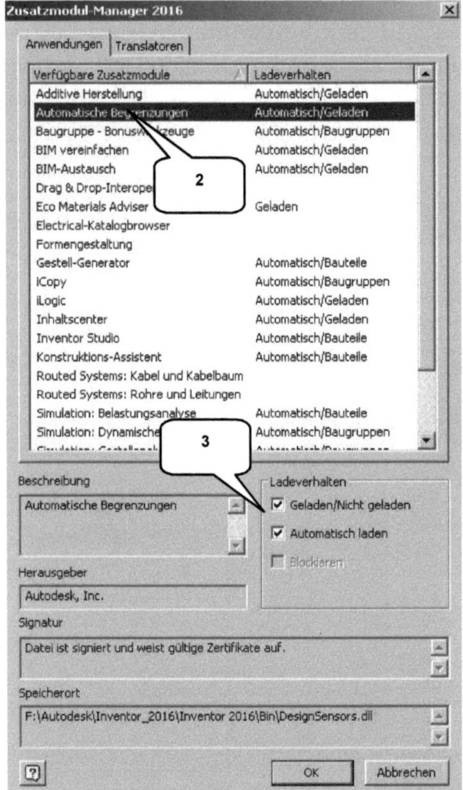

Im Register **Extras** (Befehlsgruppe **Optionen**) befindet sich der Befehl ⊹ **Zusatzmodule** (1). Ein Klick darauf öffnet den **Zusatzmodul-Manager**. Mit diesem Befehl können die automatisch beim Programmstart zu startenden Zusatzmodule definiert werden. Um ein Modul automatisch laden zu lassen, muss dieses in der **Liste** (2) aktiviert werden, um anschließend die beiden Haken im Bereich **Ladeverhalten** (3) zu setzen. Um ein Modul nicht automatisch bei Programmstart laden zu lassen, sind die beiden Haken zu entfernen.

Die Aktivierung der folgenden Module wird empfohlen:

- ➢ Additive Herstellung
- ➢ Automatische Begrenzungen
- ➢ Baugruppe - Bonuswerkzeuge
- ➢ BIM-Austausch
- ➢ BIM-Vereinfachen
- ➢ Gestell-Generator
- ➢ iCopy
- ➢ iLogic
- ➢ Inhaltscenter
- ➢ Inventor Studio
- ➢ Konstruktions-Assistent
- ➢ Simulation: Belastungsanalyse
- ➢ Simulation: Dynamische Simulation
- ➢ Simulation: Gestellanalyse

HINWEIS: Je nach Programversion (Inventor® 2016 oder Inventor® Professional 2016) können einige der Module unter Umständen nicht verwendet werden. Bitte beachten Sie, dass eine generelle Aktivierung aller Module die Leistungsfähigkeit Ihres PCs negativ beeinträchtigen kann.

4.4   *Anwendungsoptionen (empfohlene Einstellungen)*

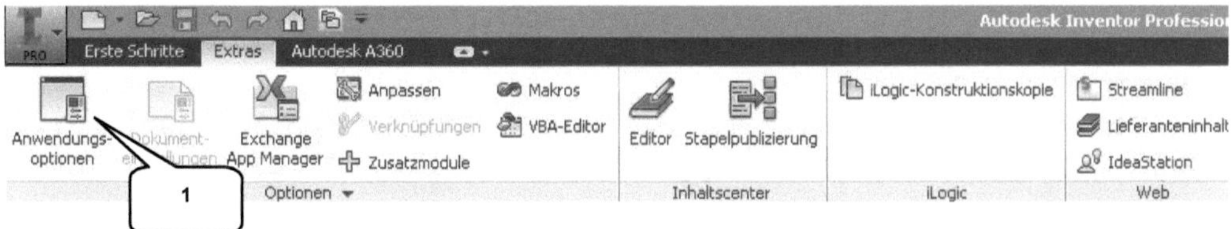

Im Register ***Extras*** (Befehlsgruppe ***Optionen***) befindet sich der Befehl **Anwendungsoptionen** (1). Hier können einige Grundeinstellungen am Programm vorgenommen werden. Die folgenden Einstellungen werden empfohlen, um die Arbeit mit dem Buch zu vereinfachen:

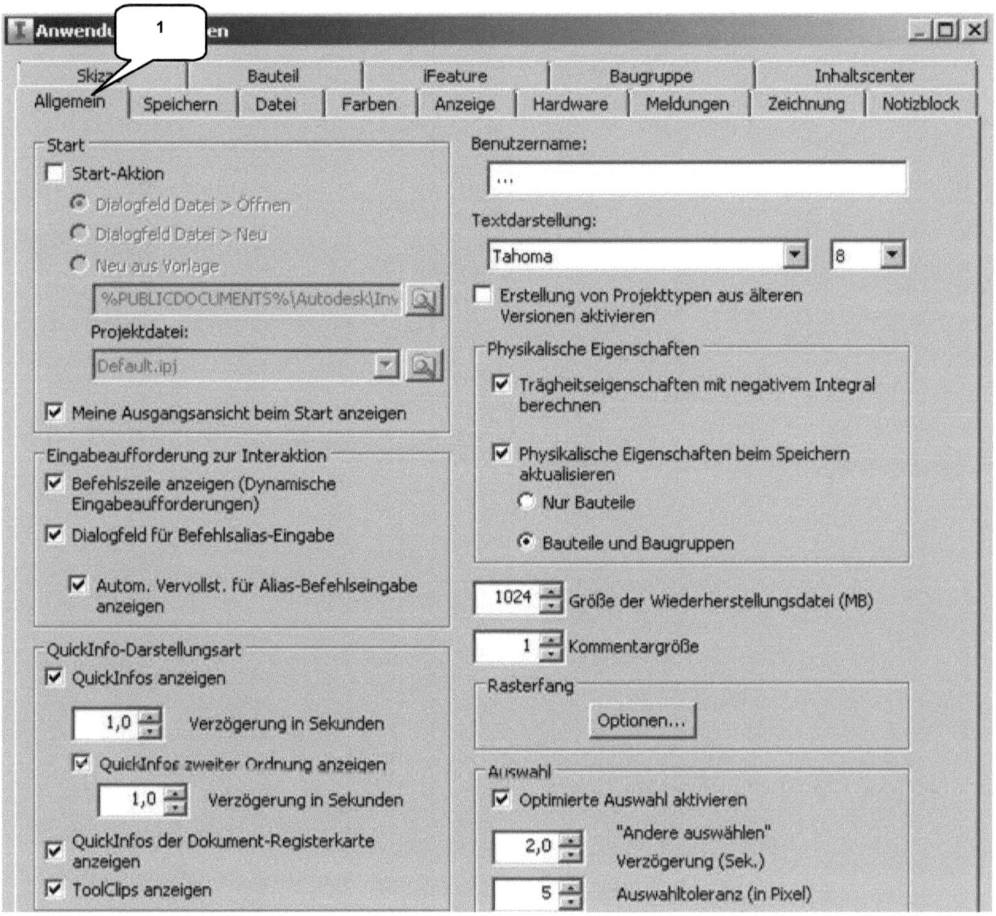

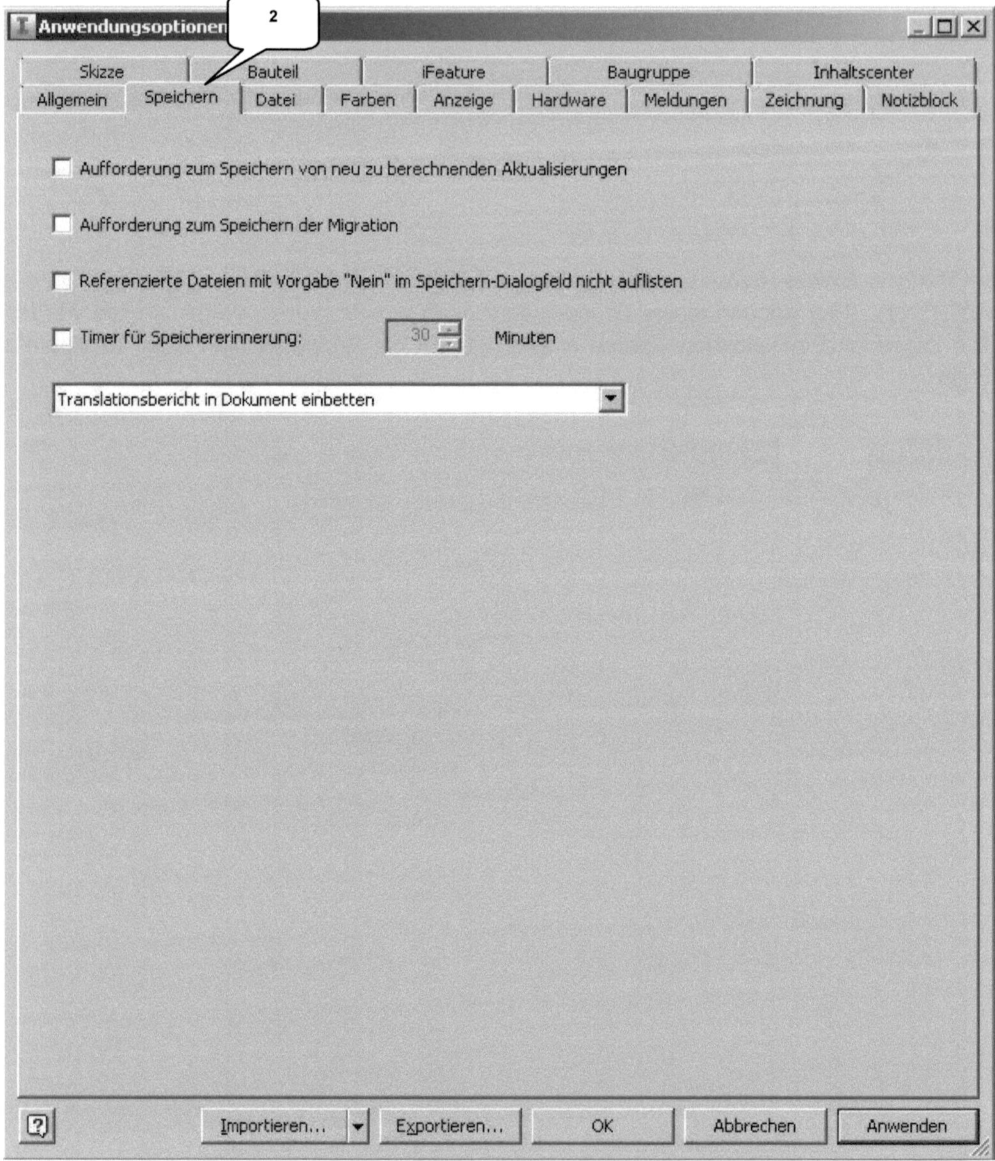
Anwendungsoptionen
2
Skizze   Bauteil   iFeature   Baugruppe   Inhaltscenter
Allgemein   Speichern   Datei   Farben   Anzeige   Hardware   Meldungen   Zeichnung   Notizblock
Aufforderung zum Speichern von neu zu berechnenden Aktualisierungen
Aufforderung zum Speichern der Migration
Referenzierte Dateien mit Vorgabe "Nein" im Speichern-Dialogfeld nicht auflisten
Timer für Speichererinnerung: 30   Minuten
Translationsbericht in Dokument einbetten
Importieren...   Exportieren...   OK   Abbrechen   Anwenden

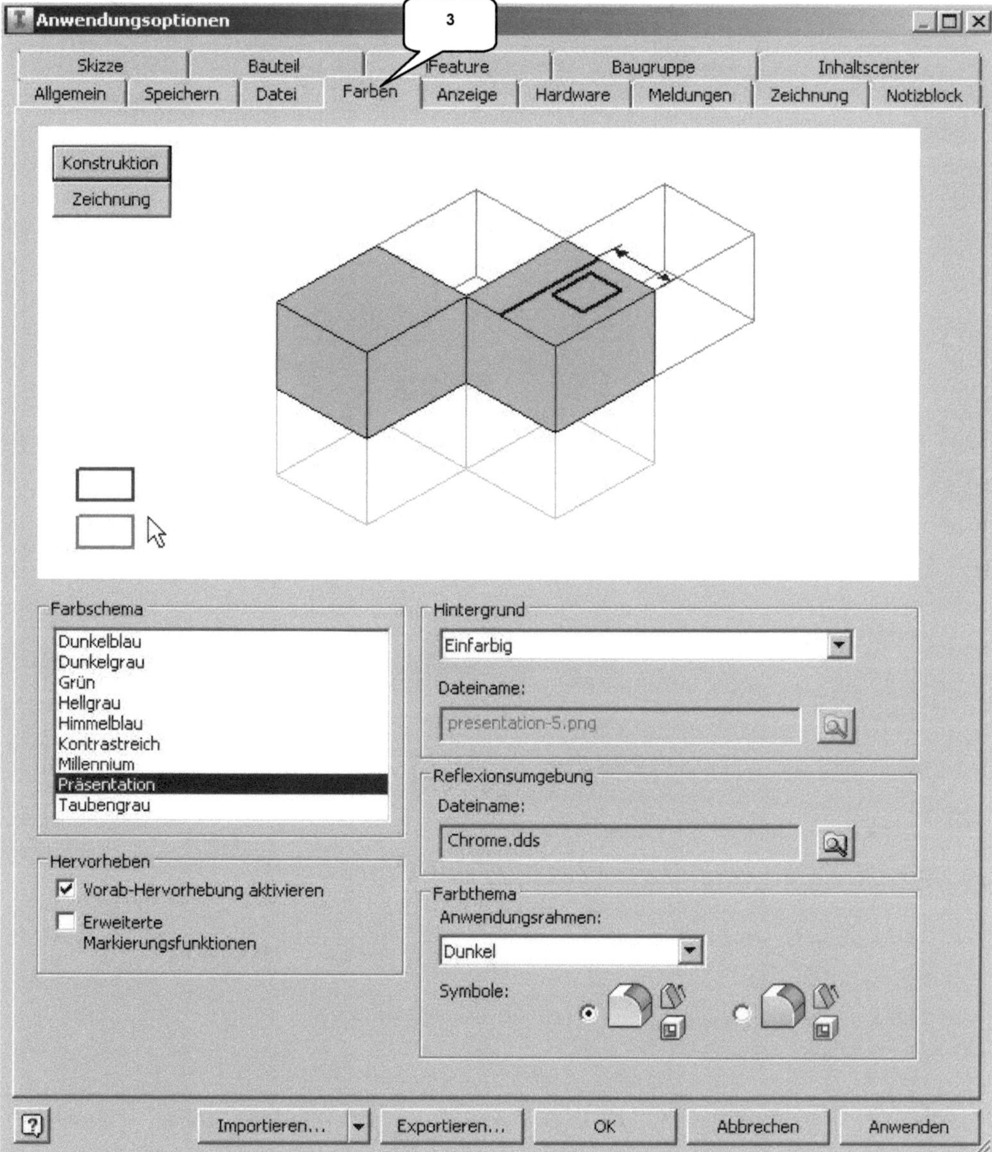
Anwendungsoptionen
3
Skizze
Bauteil
iFeature
Baugruppe
Inhaltscenter
Allgemein
Speichern
Datei
Farben
Anzeige
Hardware
Meldungen
Zeichnung
Notizblock
Konstruktion
Zeichnung
Farbschema
Dunkelblau
Dunkelgrau
Grün
Hellgrau
Himmelblau
Kontrastreich
Millennium
Präsentation
Taubengrau
Hervorheben
Vorab-Hervorhebung aktivieren
Erweiterte
Markierungsfunktionen
Hintergrund
Einfarbig
Dateiname:
presentation-5.png
Reflexionsumgebung
Dateiname:
Chrome.dds
Farbthema
Anwendungsrahmen:
Dunkel
Symbole:
Importieren...
Exportieren...
OK
Abbrechen
Anwenden

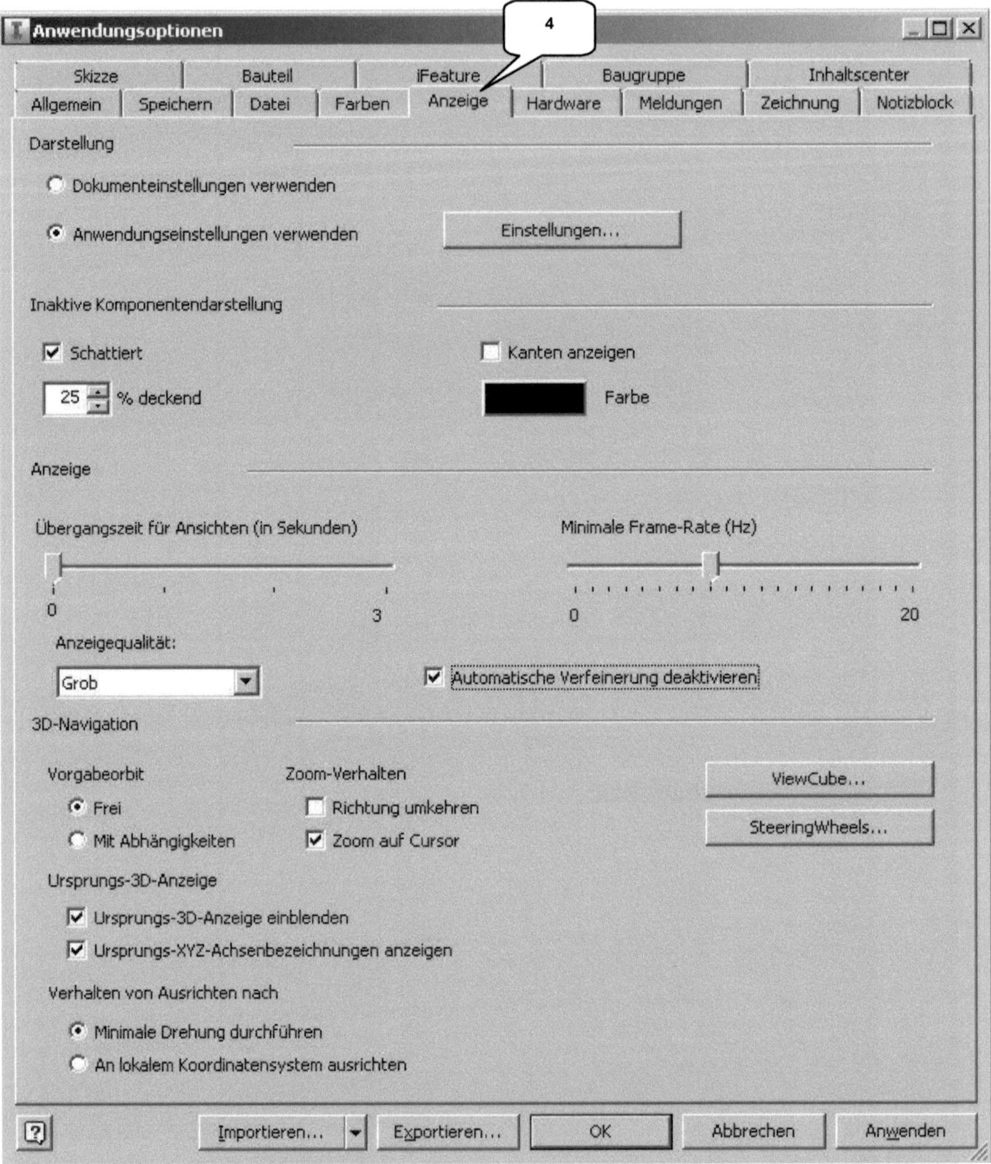
4
Anwendungsoptionen
Skizze   Bauteil   iFeature   Baugruppe   Inhaltscenter
Allgemein   Speichern   Datei   Farben   Anzeige   Hardware   Meldungen   Zeichnung   Notizblock
Darstellung
Dokumenteinstellungen verwenden
Anwendungseinstellungen verwenden   Einstellungen...
Inaktive Komponentendarstellung
Schattiert   Kanten anzeigen
25 % deckend   Farbe
Anzeige
Übergangszeit für Ansichten (in Sekunden)   Minimale Frame-Rate (Hz)
0   3   0   20
Anzeigequalität:
Grob   Automatische Verfeinerung deaktivieren
3D-Navigation
Vorgabeorbit   Zoom-Verhalten   ViewCube...
Frei   Richtung umkehren
Mit Abhängigkeiten   Zoom auf Cursor   SteeringWheels...
Ursprungs-3D-Anzeige
Ursprungs-3D-Anzeige einblenden
Ursprungs-XYZ-Achsenbezeichnungen anzeigen
Verhalten von Ausrichten nach
Minimale Drehung durchführen
An lokalem Koordinatensystem ausrichten
Importieren...   Exportieren...   OK   Abbrechen   Anwenden

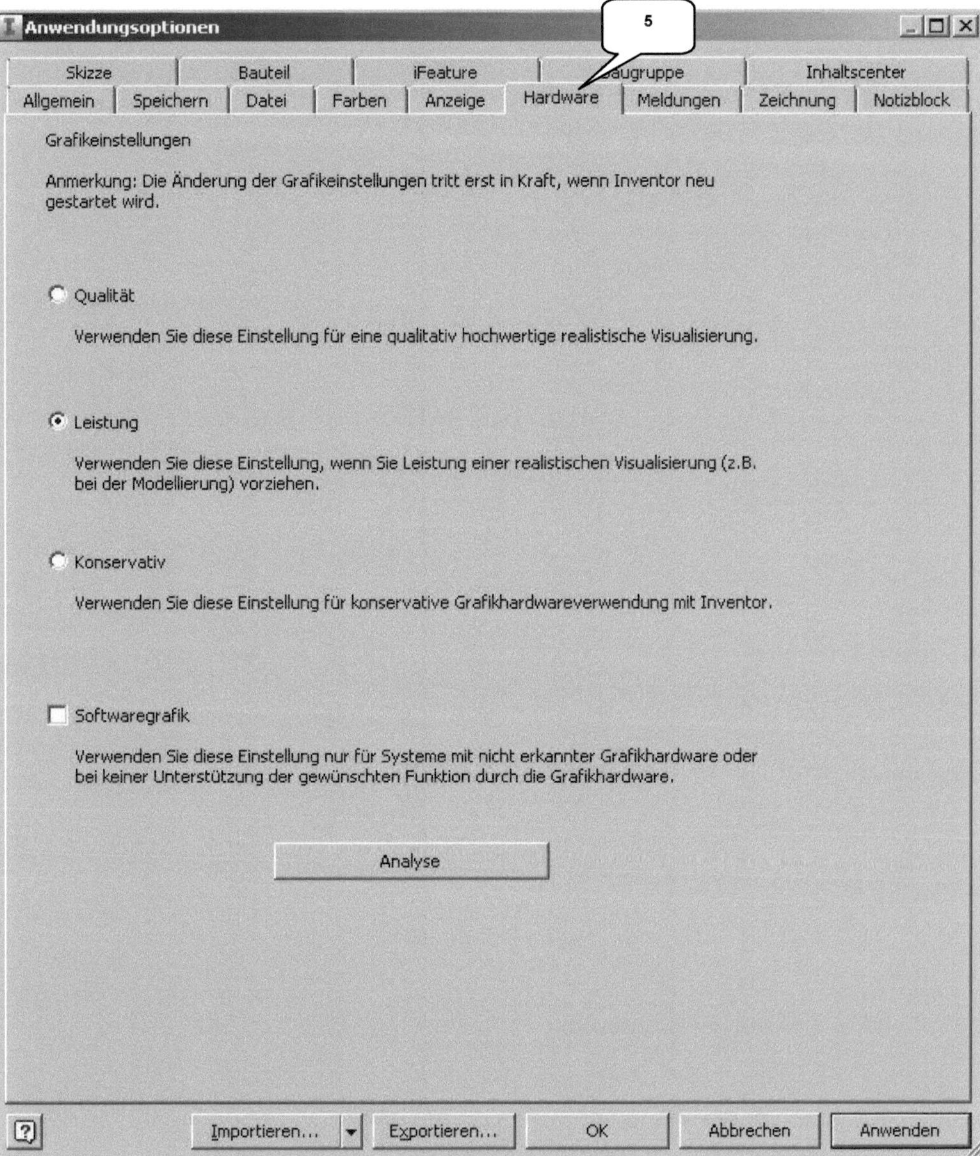

5
Anwendungsoptionen
Skizze
Bauteil
iFeature
Baugruppe
Inhaltscenter
Allgemein
Speichern
Datei
Farben
Anzeige
Hardware
Meldungen
Zeichnung
Notizblock
Grafikeinstellungen
Anmerkung: Die Änderung der Grafikeinstellungen tritt erst in Kraft, wenn Inventor neu gestartet wird.
Qualität
Verwenden Sie diese Einstellung für eine qualitativ hochwertige realistische Visualisierung.
Leistung
Verwenden Sie diese Einstellung, wenn Sie Leistung einer realistischen Visualisierung (z.B. bei der Modellierung) vorziehen.
Konservativ
Verwenden Sie diese Einstellung für konservative Grafikhardwareverwendung mit Inventor.
Softwaregrafik
Verwenden Sie diese Einstellung nur für Systeme mit nicht erkannter Grafikhardware oder bei keiner Unterstützung der gewünschten Funktion durch die Grafikhardware.
Analyse
Importieren...
Exportieren...
OK
Abbrechen
Anwenden

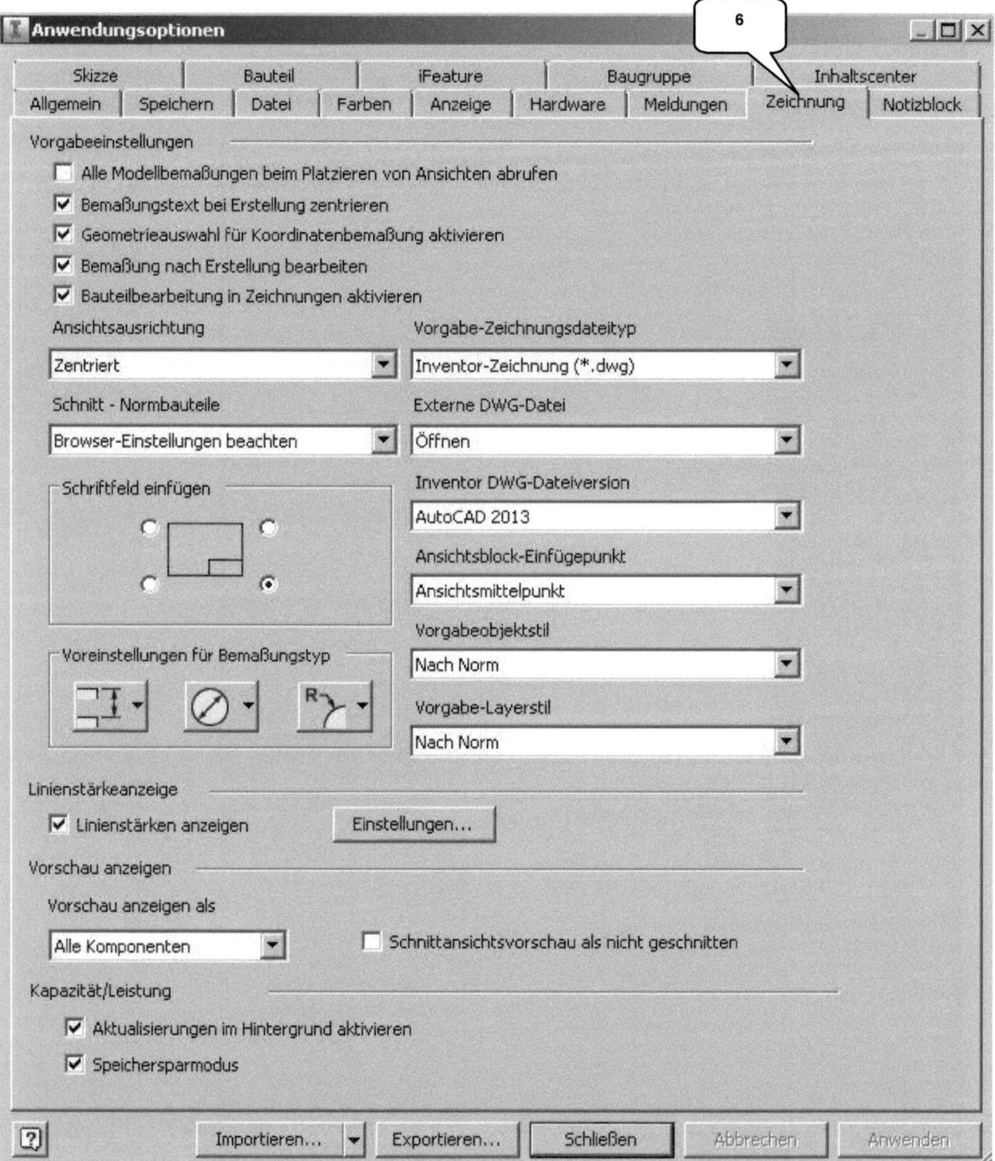
Anwendungsoptionen

6

Skizze
Bauteil
iFeature
Baugruppe
Inhaltscenter
Allgemein
Speichern
Datei
Farben
Anzeige
Hardware
Meldungen
Zeichnung
Notizblock

Vorgabeeinstellungen

Alle Modellbemaßungen beim Platzieren von Ansichten abrufen
Bemaßungstext bei Erstellung zentrieren
Geometrieauswahl für Koordinatenbemaßung aktivieren
Bemaßung nach Erstellung bearbeiten
Bauteilbearbeitung in Zeichnungen aktivieren

Ansichtsausrichtung
Zentriert

Schnitt - Normbauteile
Browser-Einstellungen beachten

Schriftfeld einfügen

Voreinstellungen für Bemaßungstyp

Vorgabe-Zeichnungsdateityp
Inventor-Zeichnung (*.dwg)

Externe DWG-Datei
Öffnen

Inventor DWG-Dateiversion
AutoCAD 2013

Ansichtsblock-Einfügepunkt
Ansichtsmittelpunkt

Vorgabeobjektstil
Nach Norm

Vorgabe-Layerstil
Nach Norm

Linienstärkeanzeige
Linienstärken anzeigen
Einstellungen...

Vorschau anzeigen

Vorschau anzeigen als
Alle Komponenten
Schnittansichtsvorschau als nicht geschnitten

Kapazität/Leistung
Aktualisierungen im Hintergrund aktivieren
Speichersparmodus

Importieren...
Exportieren...
Schließen
Abbrechen
Anwenden

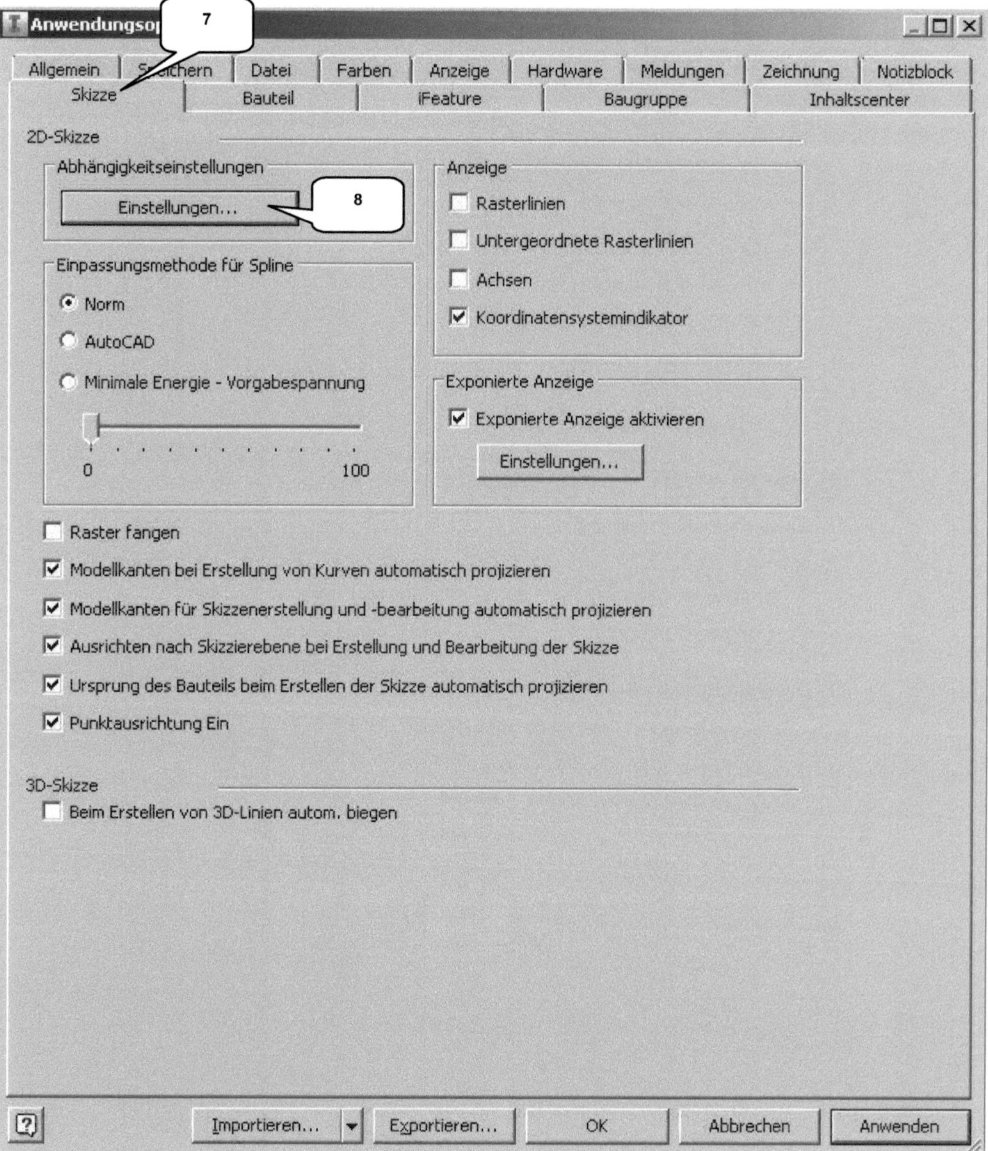
7
8
Anwendungso...
Allgemein   Speichern   Datei   Farben   Anzeige   Hardware   Meldungen   Zeichnung   Notizblock
Skizze   Bauteil   iFeature   Baugruppe   Inhaltscenter
2D-Skizze
Abhängigkeitseinstellungen
Einstellungen...
Einpassungsmethode für Spline
Norm
AutoCAD
Minimale Energie - Vorgabespannung
0   100
Anzeige
Rasterlinien
Untergeordnete Rasterlinien
Achsen
Koordinatensystemindikator
Exponierte Anzeige
Exponierte Anzeige aktivieren
Einstellungen...
Raster fangen
Modellkanten bei Erstellung von Kurven automatisch projizieren
Modellkanten für Skizzenerstellung und -bearbeitung automatisch projizieren
Ausrichten nach Skizzierebene bei Erstellung und Bearbeitung der Skizze
Ursprung des Bauteils beim Erstellen der Skizze automatisch projizieren
Punktausrichtung Ein
3D-Skizze
Beim Erstellen von 3D-Linien autom. biegen
Importieren...   Exportieren...   OK   Abbrechen   Anwenden

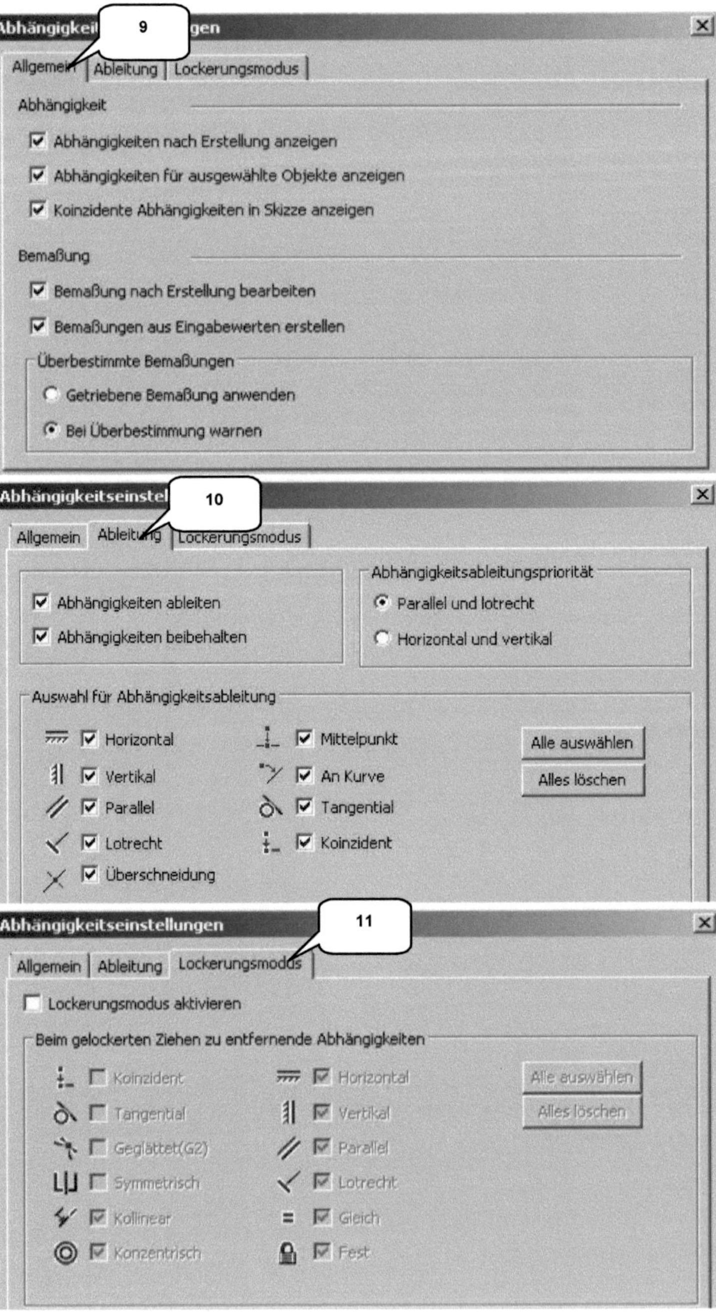
Abhängigkeitseinstellungen
9
Allgemein | Ableitung | Lockerungsmodus
Abhängigkeit
Abhängigkeiten nach Erstellung anzeigen
Abhängigkeiten für ausgewählte Objekte anzeigen
Koinzidente Abhängigkeiten in Skizze anzeigen
Bemaßung
Bemaßung nach Erstellung bearbeiten
Bemaßungen aus Eingabewerten erstellen
Überbestimmte Bemaßungen
Getriebene Bemaßung anwenden
Bei Überbestimmung warnen

Abhängigkeitseinstellungen
10
Allgemein | Ableitung | Lockerungsmodus
Abhängigkeiten ableiten
Abhängigkeiten beibehalten
Abhängigkeitsableitungspriorität
Parallel und lotrecht
Horizontal und vertikal
Auswahl für Abhängigkeitsableitung
Horizontal
Vertikal
Parallel
Lotrecht
Überschneidung
Mittelpunkt
An Kurve
Tangential
Koinzident
Alle auswählen
Alles löschen

Abhängigkeitseinstellungen
11
Allgemein | Ableitung | Lockerungsmodus
Lockerungsmodus aktivieren
Beim gelockerten Ziehen zu entfernende Abhängigkeiten
Koinzident
Tangential
Geglättet(G2)
Symmetrisch
Kollinear
Konzentrisch
Horizontal
Vertikal
Parallel
Lotrecht
Gleich
Fest
Alle auswählen
Alles löschen

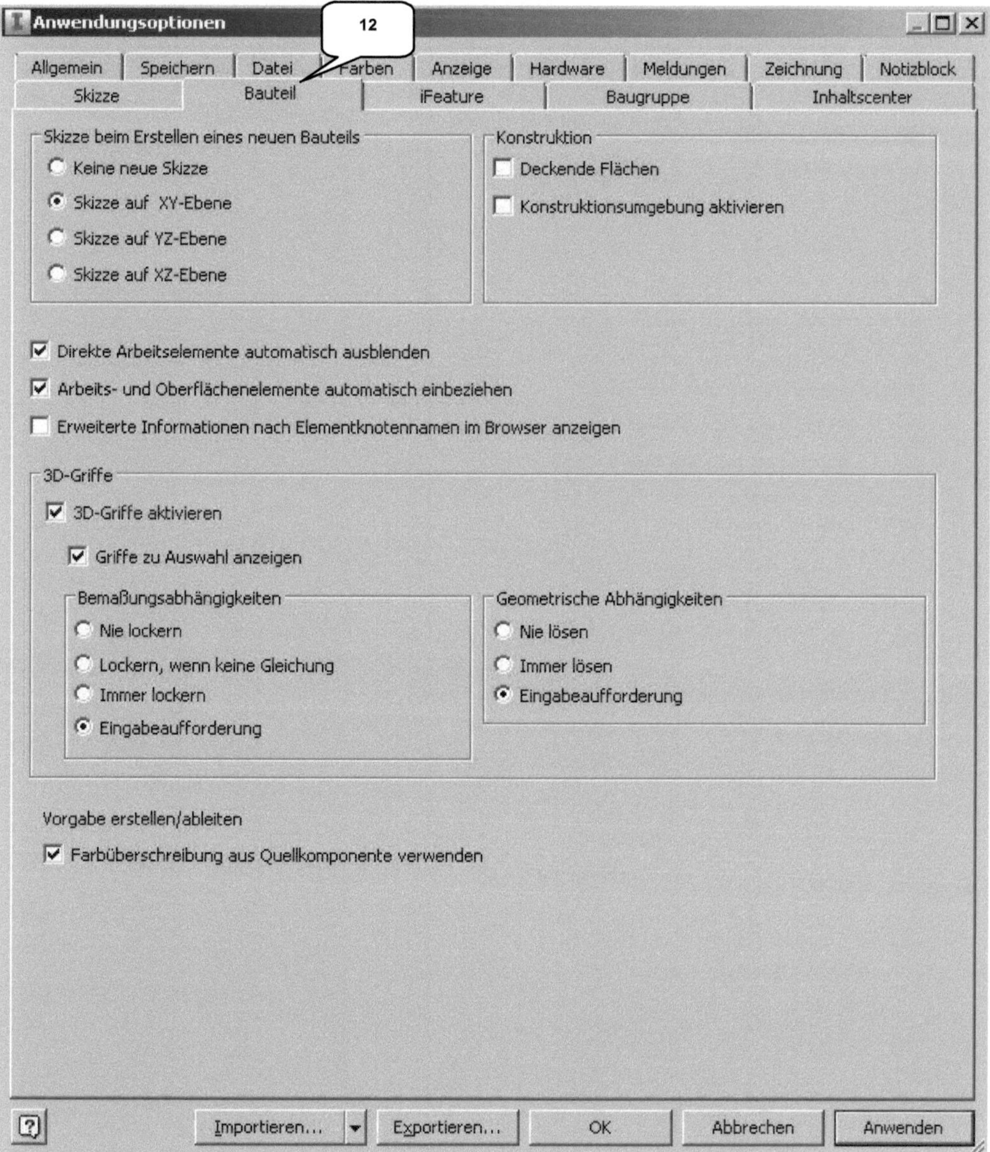
Anwendungsoptionen
12
Allgemein | Speichern | Datei | Farben | Anzeige | Hardware | Meldungen | Zeichnung | Notizblock
Skizze | Bauteil | iFeature | Baugruppe | Inhaltscenter
Skizze beim Erstellen eines neuen Bauteils
Keine neue Skizze
Skizze auf XY-Ebene
Skizze auf YZ-Ebene
Skizze auf XZ-Ebene
Konstruktion
Deckende Flächen
Konstruktionsumgebung aktivieren
Direkte Arbeitselemente automatisch ausblenden
Arbeits- und Oberflächenelemente automatisch einbeziehen
Erweiterte Informationen nach Elementknotennamen im Browser anzeigen
3D-Griffe
3D-Griffe aktivieren
Griffe zu Auswahl anzeigen
Bemaßungsabhängigkeiten
Nie lockern
Lockern, wenn keine Gleichung
Immer lockern
Eingabeaufforderung
Geometrische Abhängigkeiten
Nie lösen
Immer lösen
Eingabeaufforderung
Vorgabe erstellen/ableiten
Farbüberschreibung aus Quellkomponente verwenden
Importieren... | Exportieren... | OK | Abbrechen | Anwenden

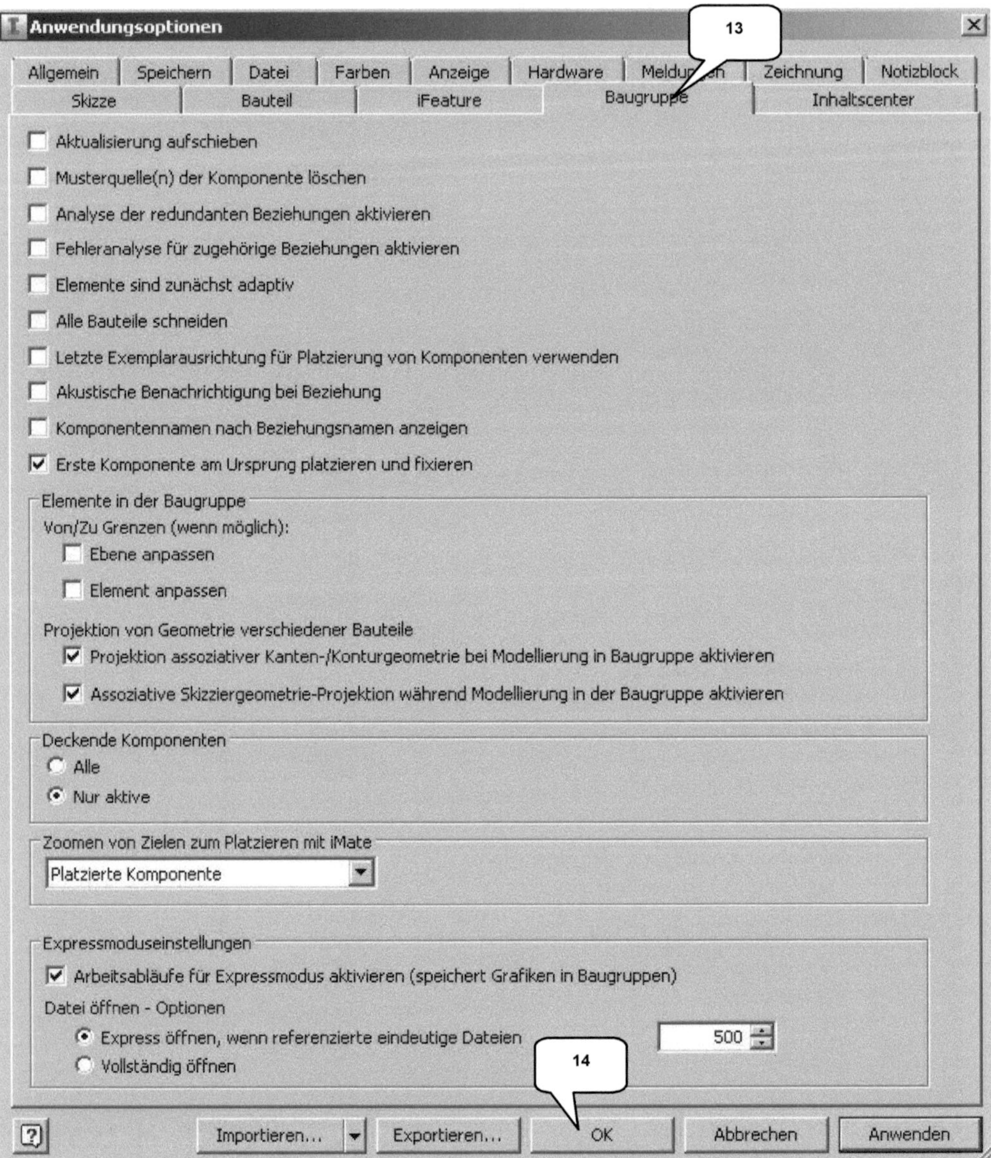
Anwendungsoptionen
13
Allgemein | Speichern | Datei | Farben | Anzeige | Hardware | Meldungen | Zeichnung | Notizblock
Skizze | Bauteil | iFeature | Baugruppe | Inhaltscenter
Aktualisierung aufschieben
Musterquelle(n) der Komponente löschen
Analyse der redundanten Beziehungen aktivieren
Fehleranalyse für zugehörige Beziehungen aktivieren
Elemente sind zunächst adaptiv
Alle Bauteile schneiden
Letzte Exemplarausrichtung für Platzierung von Komponenten verwenden
Akustische Benachrichtigung bei Beziehung
Komponentennamen nach Beziehungsnamen anzeigen
Erste Komponente am Ursprung platzieren und fixieren
Elemente in der Baugruppe
Von/Zu Grenzen (wenn möglich):
Ebene anpassen
Element anpassen
Projektion von Geometrie verschiedener Bauteile
Projektion assoziativer Kanten-/Konturgeometrie bei Modellierung in Baugruppe aktivieren
Assoziative Skizziergeometrie-Projektion während Modellierung in der Baugruppe aktivieren
Deckende Komponenten
Alle
Nur aktive
Zoomen von Zielen zum Platzieren mit iMate
Platzierte Komponente
Expressmoduseinstellungen
Arbeitsabläufe für Expressmodus aktivieren (speichert Grafiken in Baugruppen)
Datei öffnen - Optionen
Express öffnen, wenn referenzierte eindeutige Dateien
500
Vollständig öffnen
14
Importieren... | Exportieren... | OK | Abbrechen | Anwenden

5 Aktivierung des Einzelbenutzerprojekts

Inventor® arbeitet grundsätzlich in Projekten, was die Koordination zusammenhängender Dateien und Einstellungen vereinfacht. Eine Projektdatei (*.ipj) sichert alle Informationen und Querverweise eines Projekts. Das ist wichtig, wenn später komplexe Baugruppen archiviert oder von einem PC auf einen anderen übertragen werden sollen.

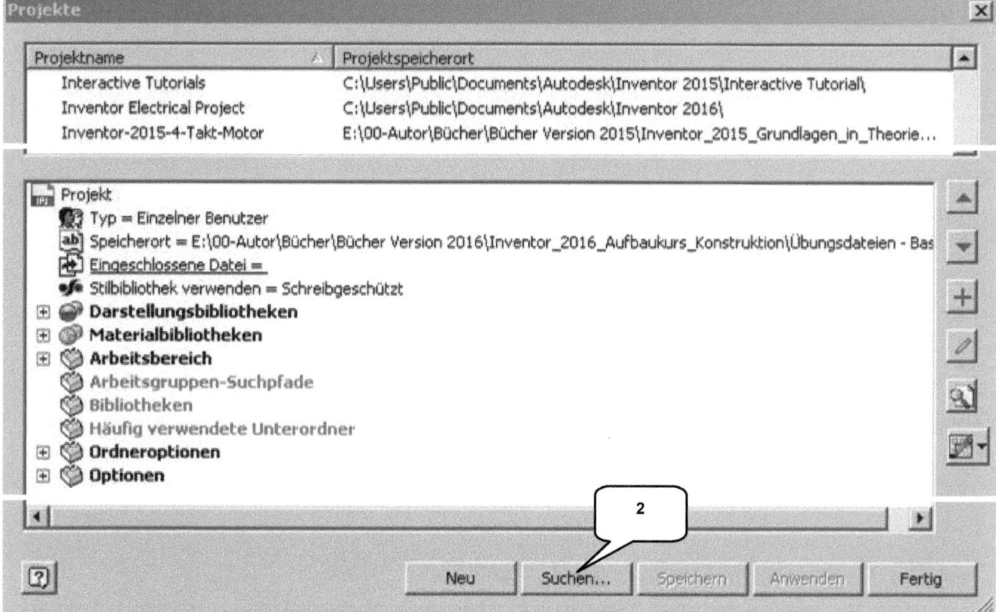

Starten Sie im Register *Erste Schritte* (Befehlsgruppe *Starten*) den Befehl Projekte (1). Mit der Option *Suchen* (2) soll in Ihrem Projektordner die Projektdatei *Übung-Konstruktion-2016.ipj* (3) aktiviert werden, welche sich bereits bei den extrahierten Dateien befindet (siehe Kapitel *1.2 Erzeugen des Projektordners/ Herunterladen der Übungsdateien*).

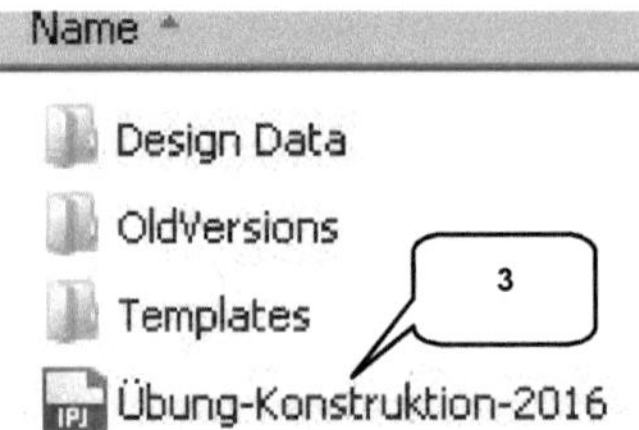

Das neue Projekt wird automatisch aktiviert, was durch einen kleinen Haken in der entsprechenden Zeile (4) signalisiert wird. Auch bei der späteren Arbeit mit dem Programm, sollte das jeweils aktive Projekt nach Programmstart stets kontrolliert werden.

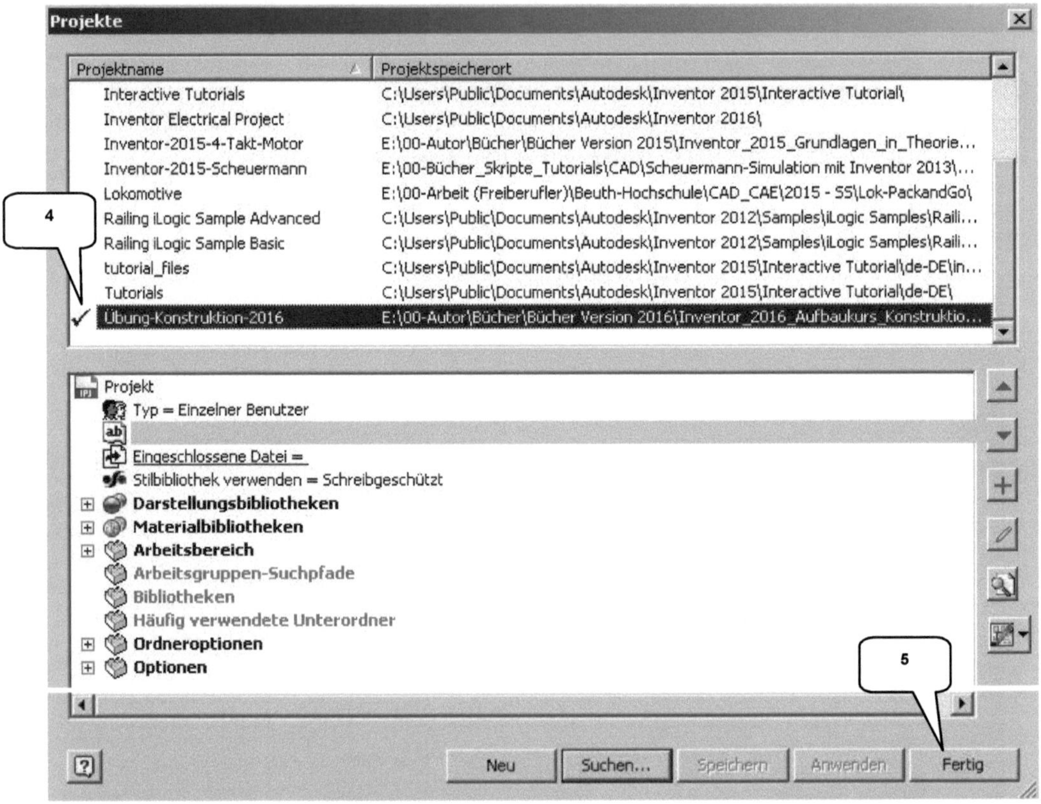

So kann vermieden werden, dass Dateien unbeabsichtigt einem anderen Projekt zugeordnet werden. **Fertig** (5) beendet den Befehl.

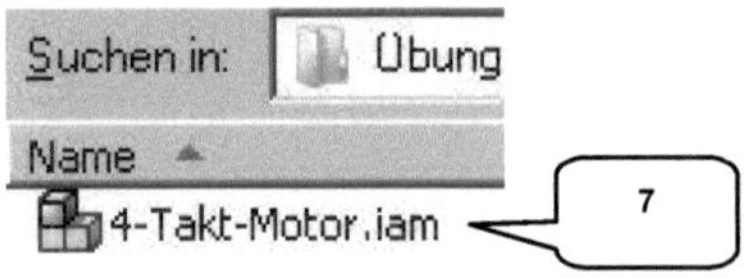

Öffnen (6) Sie die vorhandene Baugruppe *4-Takt-Motor.iam* (7).

6 Komplettierung des Kurbeltriebes

6.1 Theoretische Grundlagen zum Zahnriemenantrieb

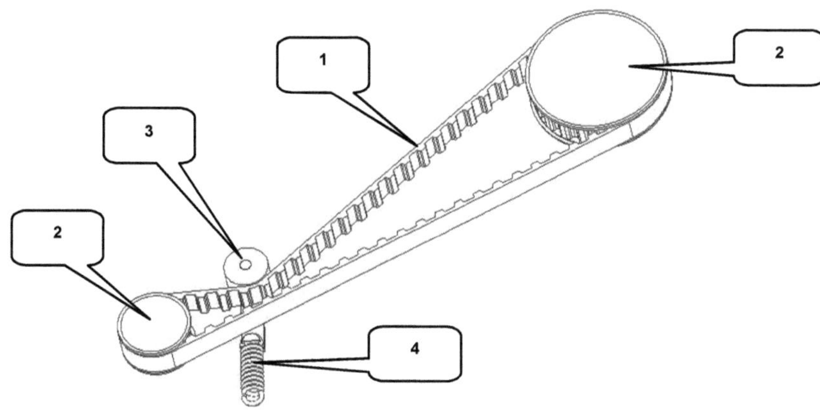

Die Nockenwelle des Motors soll durch die Kurbelwelle angetrieben werden. Diese Verbindung kann durch Zahnriemen-, Ketten- oder Zahnradantriebe realisiert werden. Häufig werden Zahnriemenantriebe verwendet. Diese sind, bedingt durch ihren Aufbau (Kunststoffgewebe mit innenliegenden Zugdrähten aus Metall), geräuscharm während des Betriebs und kostengünstig in ihrer Herstellung. Der Zahnriemen (1) wird über Zahnräder geführt (2). Um ihn konstant auf Spannung zu halten, wird er mit einer zusätzlichen Spannrolle (3) bestückt, welche von einer Zugfeder (4) gespannt wird. Zahnriemenantriebe sind wartungsfrei, unterliegen allerdings regelmäßigen Austausch-Intervallen.

6.2 Konstruktion eines Zahnriemenantriebes
6.2.1 Befehlsgrundlagen ZAHNRIEMEN-GENERATOR

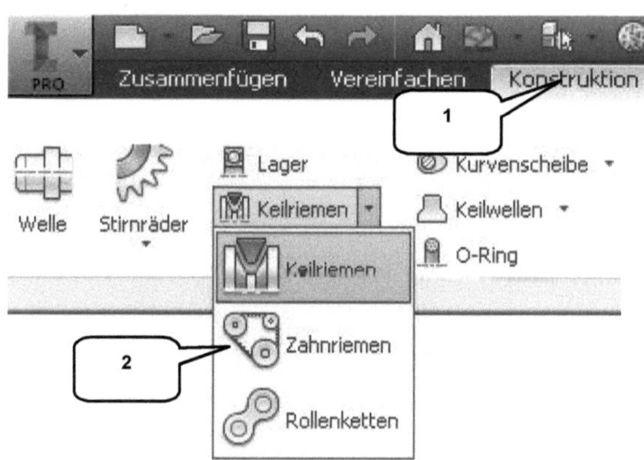

Im Register **Konstruktion** (1) finden Sie den **Zahnriemen-Generator** (2). Hiermit können Zahnriemenantriebe (bestehend aus Zahnriemen, Riemenscheiben und Spannrollen) berechnet und konstruiert werden.

Im Inhaltscenter finden Sie eine Auswahl an Zahnriemen, welche entsprechend der zugehörigen Norm bearbeitet werden können. Der Zahnriemenantrieb kann auf bereits vorhandene geometrische Elemente bezogen werden, die Darstellung kann als Skizze, als Volumenkörper oder auch detailliert erfolgen.

6.2.1.1 Register KONSTRUKTION

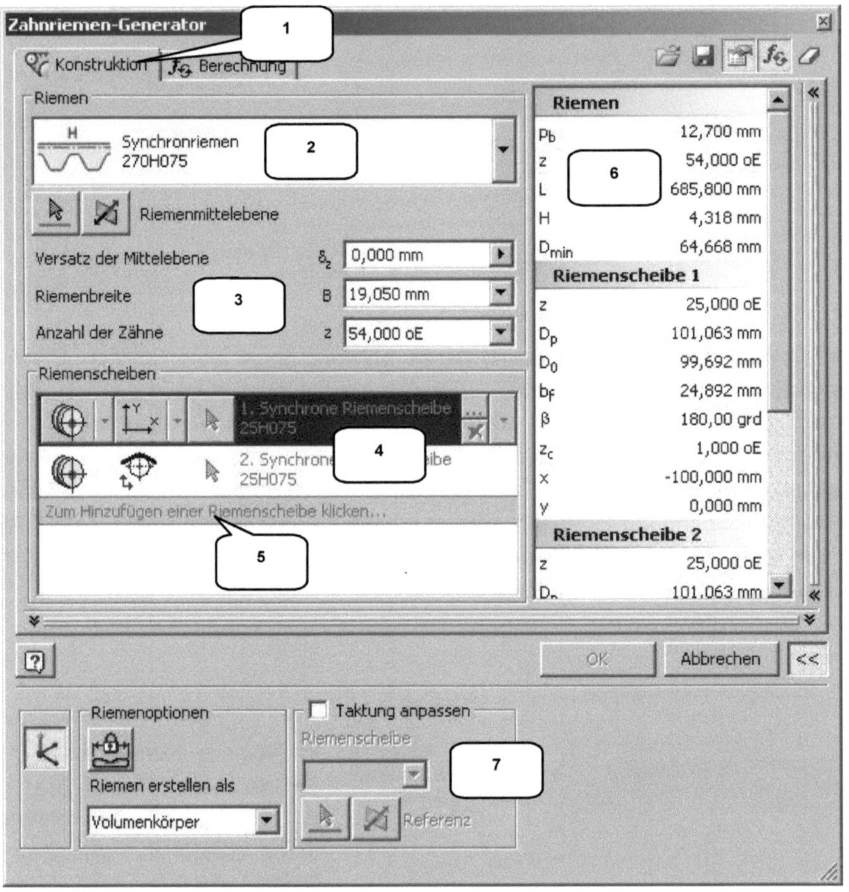

INHALT

Das Register **Konstruktion** ermöglicht die Auswahl eines vordefinierten Zahnriemens aus dem Inhaltscenter, welcher anschließend bearbeitet werden kann. Riemenscheiben und Spannrollen können hinzugefügt oder bearbeitet werden, die Zusammenstellung kann als Vorlage exportiert werden, eine bereits vorhandene Vorlage kann importiert werden.

OPTIONEN

1) Register: Konstruktion/ Berechnung
2) Riementyp auswählen
3) Riemenmittelebene, Versatz der Mittelebene, Riemenbreite und Anzahl der Zähne
4) Riemenscheiben/ Spannrollen bearbeiten
5) Riemenscheiben/ Spannrollen hinzufügen
6) Berechnungsergebnisse
7) Riementrieb als Skizze, Volumenkörper oder detailliert darstellen

6.2.1.2   Register BERECHNUNG

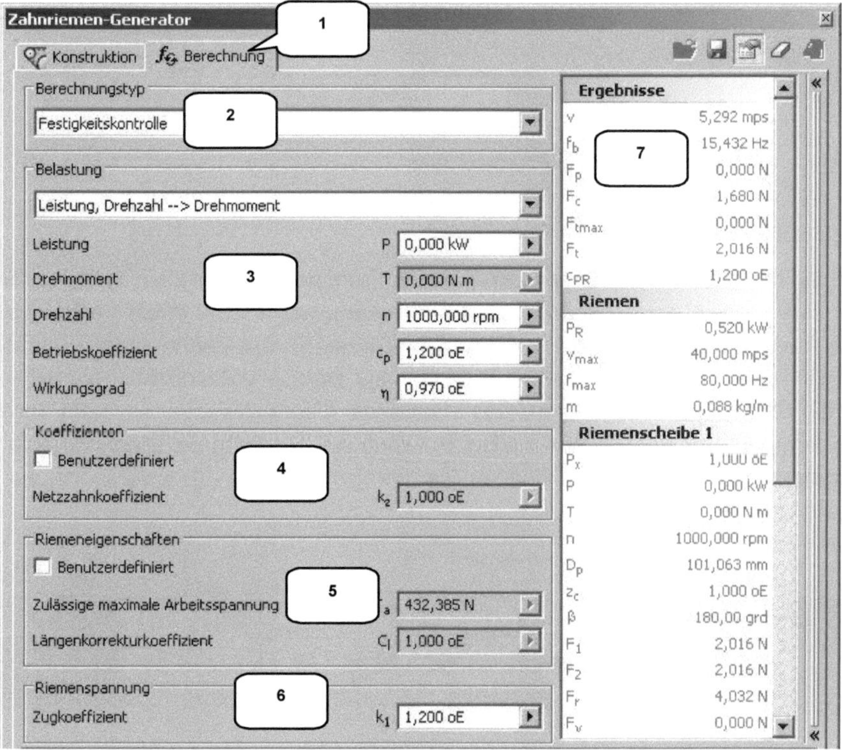

INHALT

Das Register **Berechnung** ermöglicht die Auswahl von Berechnungstyp, Belastung, Koeffizienten, Riemeneigenschaften und Riemenspannung.

1) Register: Konstruktion/ Berechnung   5) Riemeneigenschaften
2) Berechnungstyp   6) Riemenspannung
3) Belastung   7) Berechnungsergebnisse
4) Koeffizienten

6.2.2   Zahnriemenantrieb zwischen Nocken-und Kurbelwelle erzeugen

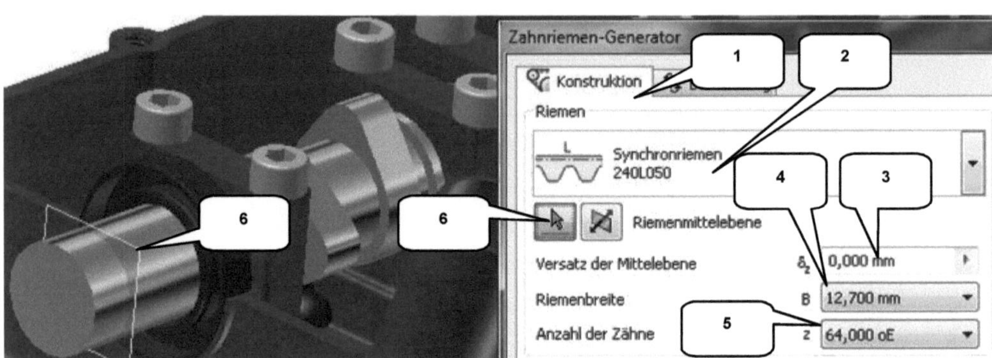

Ändern Sie im Register ⚙ **Konstruktion** (1) die Form des Riemens auf **Synchronriemen L** (hierfür bitte auf das ◡◡ **Riemensymbol** (2) klicken), wählen Sie einen Versatz von **0 mm** (3) eine Riemenbreite von **12,7 mm** (4) und **64** Zähne (5). Der Zahnriemen-Generator bietet die Möglichkeit, Riemen und Riemenscheiben auf bereits vorhandene geometrische Elemente der Baugruppe zu platzieren, was in unserem Übungsbeispiel durch die Verwendung von Nockenwelle und Kurbelwelle realisiert werden soll. Vorab muss allerdings eine ▷ **Referenzebene** zugewiesen werden. Wählen Sie hierfür die Ebene (6), welche sich auf der Nockenwelle befindet.

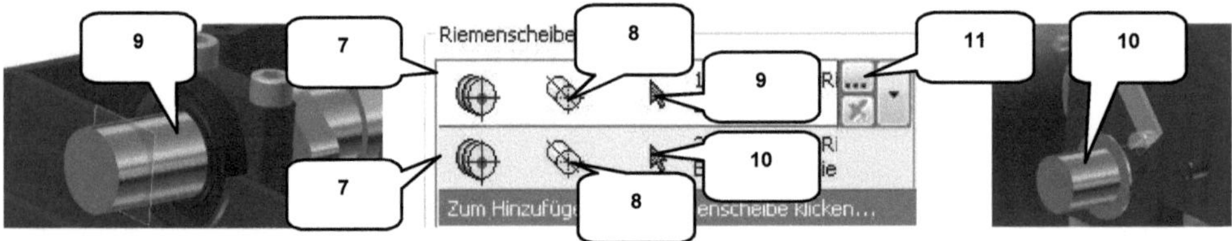

Nach der Definition der Mittelebene können die Riemenscheiben referenziert werden. Im Auswahlfeld **Riemenscheiben** sollten bereits zwei Riemenscheiben voreingestellt sein. Achten Sie darauf, dass bei beiden die Optionen ⊕ Komponente **Komponente** (7) und ◈ Feste Position **Feste Position über ausgewählte Geometrie** (8) aktiviert sein sollte. Andernfalls ist dies nachzuholen.

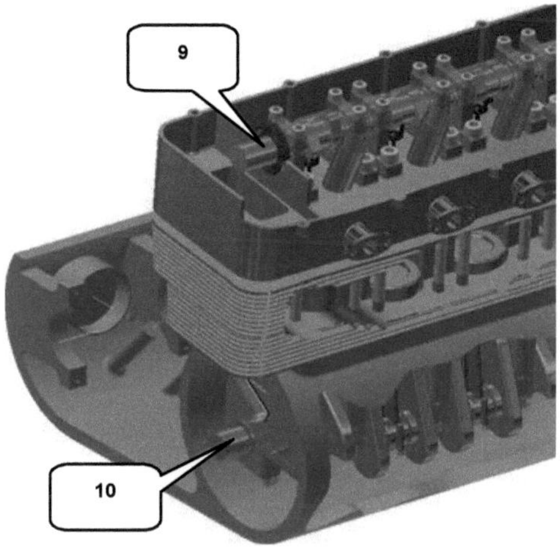

Weisen Sie der ersten Riemenscheibe die Zylinderfläche der Nockenwelle (9) und der zweiten Riemenscheibe die Zylinderfläche der Kurbelwelle (10) zu.

HINWEIS: Sollte es Probleme dabei geben die Referenzen der Riemenscheiben auszuwählen (der ***Pfeil*** bleibt grau hinterlegt und lässt sich nicht aktivieren), aktivieren Sie zuerst die Option ***Vorhanden***, wählen dann die Referenzen und aktivieren im Anschluss daran die Option ***Komponente***.

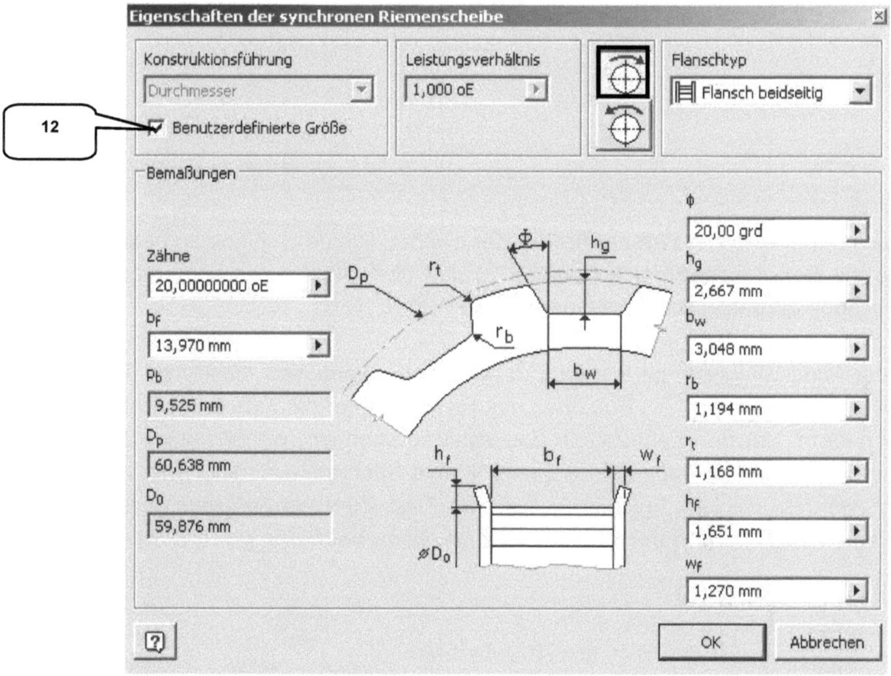

Klicken Sie auf die Zeile des ersten Riemenrades und öffnen Sie die ***Eigenschaften*** (11). Aktivieren Sie die ***Benutzerdefinierte Größe*** (12) und übernehmen Sie die Einstellungen und Werte der oberen Abbildung. Beenden Sie den Befehl abschließend mit ***OK***.

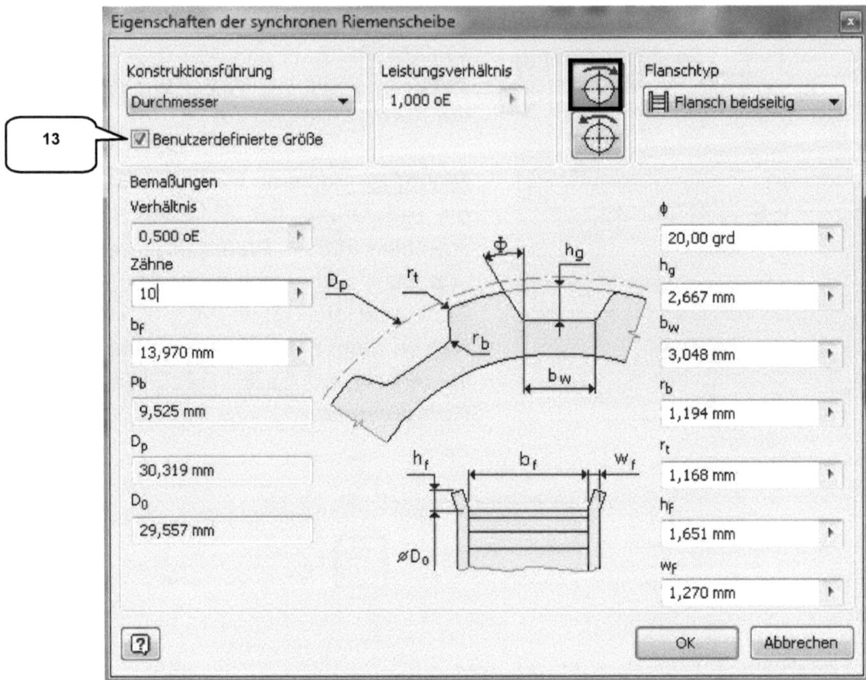

Im Anschluss daran sind die *Eigenschaften* der zweiten Riemenscheibe zu bearbeiten. Aktivieren Sie die *Benutzerdefinierte Größe* (13) und übernehmen Sie auch hier alle in der oberen Abbildung dargestellten Einstellungen und Werte.

Aufgrund der Materialeigenschaften eines Zahnriemens, kann sich dieser mit der Zeit längen, was im schlimmsten Fall ein Rutschen des Riemens über die Zähne des Zahnrades zur Folge haben kann. Um den Zahnriemen dauerhaft zu spannen, werden automatische Riemenspanner verwendet. Im folgenden Schritt soll eine Spannrolle als flache Riemenscheibe hinzugefügt werden. Klicken Sie hierfür auf das Feld *Zum Hinzufügen einer Riemenscheibe klicken...* (14) und wählen Sie die *Flache Riemenscheibe (metrisch)* (15).

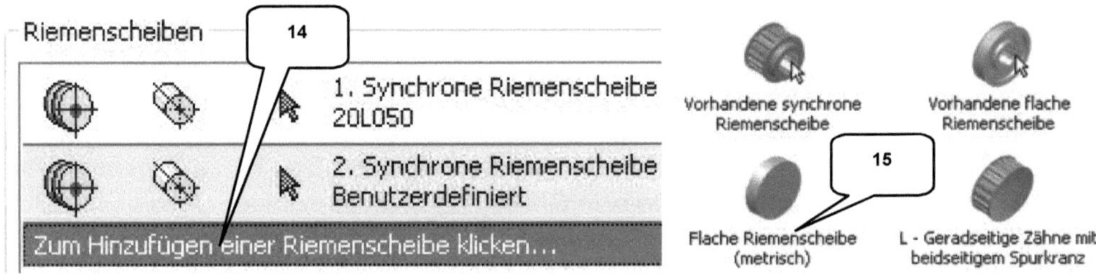

Aktivieren Sie in der neuen Zeile die Optionen ⊕ Komponente **Komponente** (16) sowie ⊗ **Richtungsorientierte verschiebbare Position** (17) und als ⬉ **Richtungsreferenz** die Ebene (18) (Bauteil: Führung-Spannrolle-Zahnriemen).

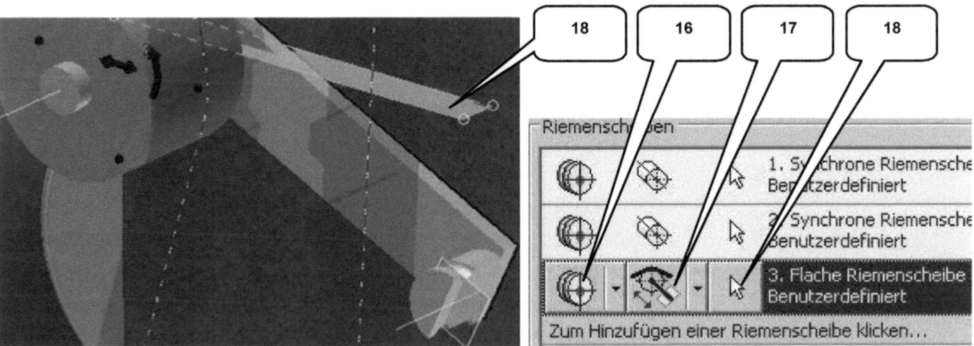

HINWEIS: Zahnriemenantriebe unterliegen strengen Berechnungsvorschriften. Um dem Programm zu ermöglichen, die Riemenlänge unter Beachtung aller Parameter korrekt errechnen zu können, ist es notwendig, eine der drei Riemenscheiben mit einem zusätzlichen Freiheitsgrad zu versehen. Dieser soll eine Korrektur des Längenausgleichs ermöglichen.

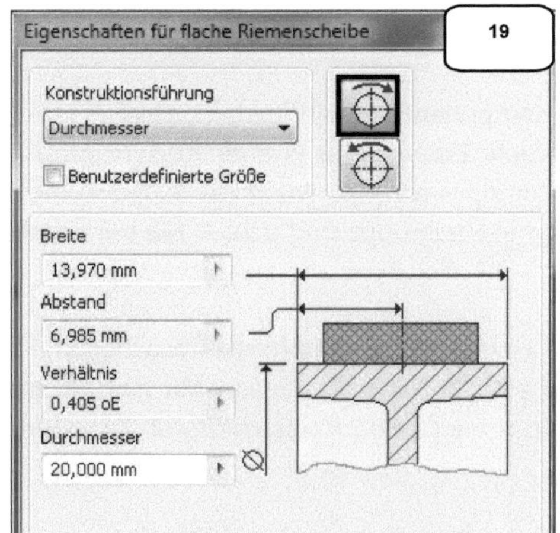

Die Option ⊗ **Richtungsorientierte verschiebbare Position** gibt der Riemenscheibe die Möglichkeit, sich auf einer definierten Ebene frei bewegen zu können. Hierdurch kann die Position der Riemenscheibe auf der Ebene frei verschoben, die Zahnriemenlänge korrekt berechnet und der Zahnriemenantrieb fehlerfrei erzeugt werden.

Öffnen Sie die ⬚ **Eigenschaften** der flachen Riemenscheibe und übernehmen Sie die Einstellungen der linken Abbildung (19).

Derzeit verläuft der Zahnriemen (20) links neben der Spannrolle, was aufgrund der konstruktiven Eigenschaften des Zahnriemens (außen glatt, innen gezahnt) falsch wäre. Klicken Sie zur Korrektur auf den **gebogenen Pfeil** (21) der Spannrolle. Der Verlauf des Zahnriemens wird geändert und der Zahnriemen wird rechts neben der Spannrolle entlanggeführt (22).

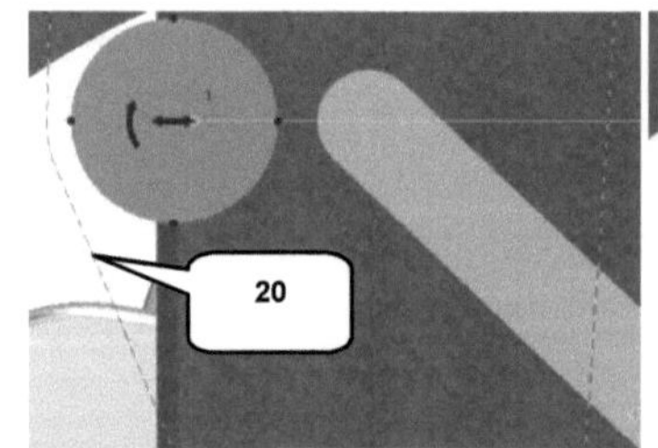

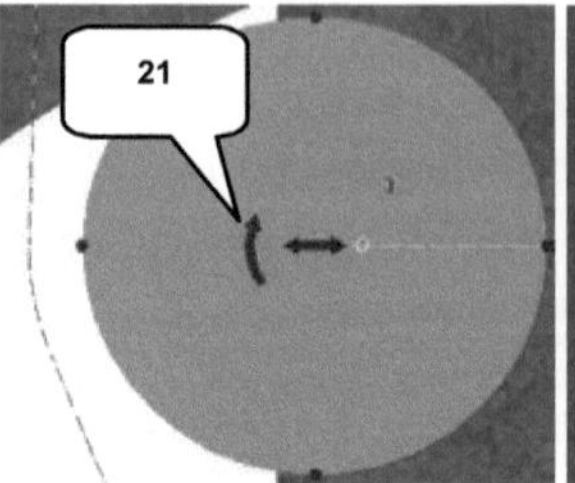

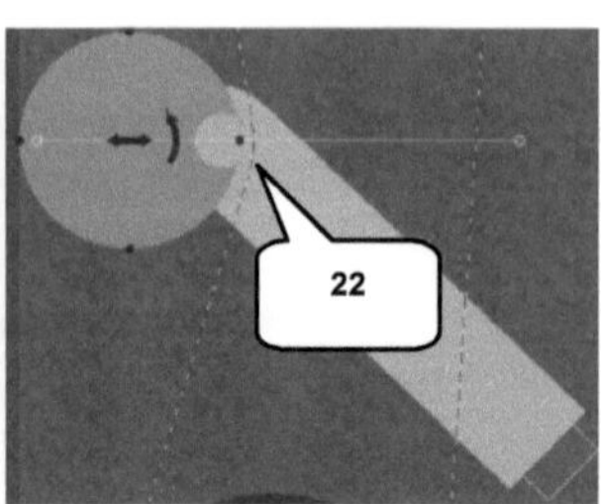

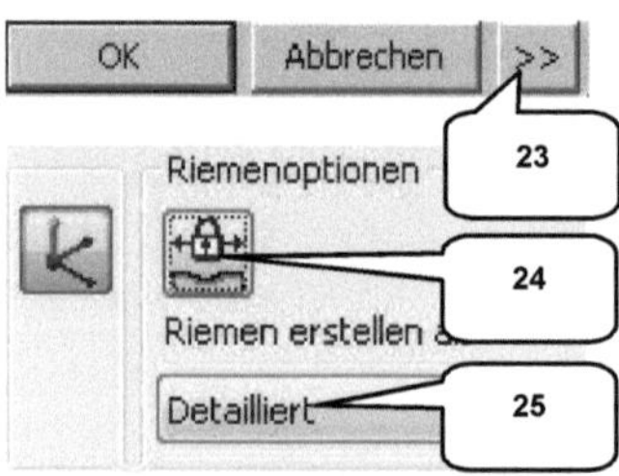

Das korrigierte Ergebnis ist in der oberen, rechten Ab-bildung zu sehen. Abschließend kann der Riementrieb berechnet werden. **>> Erweitern** (23) Sie das Befehls-fenster, deaktivieren Sie im unteren Bereich des Zahn-riemen-Generators die **Riemenlängensperre** (24) und stellen Sie die Option **Detailliert** (25) ein. Wechseln Sie ins Register ⨍ Berechnung **Berechnung**, starten Sie hier den Befehl Berechnen **Berechnen** und bestätigen Sie die Eingaben mit OK **OK**.

HINWEIS: Sollten nach der Berechnung Fehlermeldungen angezeigt werden, bestätigen Sie diese und berechnen den Riemen trotzdem. Leider reagiert das Programm auf kleine Ab-weichungen oft sehr sensibel. Die Berechnung erfolgt trotzdem.

Die Abfrage nach dem Speicherort der neuen Komponenten (Zahnriemen, Riemenräder, Spannrolle) kann durch OK **OK** bestätigt werden. Ein weiterer Ordner **Konstruktions-Assistent** wird automatisch innerhalb des Projektordners erzeugt, worin die neuen Kompo-nenten gesichert werden. **Speichern** Sie die gesamte Baugruppe und achten Sie darauf, die Option Ja für alle **Ja für alle** zu aktivieren.

HINWEIS: Um ein Konstruktionselement aus dem Register **Konstruktion** zu bearbeiten, kli-cken Sie mit der **rechten Maustaste** darauf und wählen dann die Option **Mit Konstrukti-ons-Assistent bearbeiten**. Um es zu löschen, muss die Option **Konstruktions-Assistent-Komponente löschen** verwendet werden.

6.2.3 Befehlsgrundlagen ZUGFEDER-KOMPONENTEN-GENERATOR

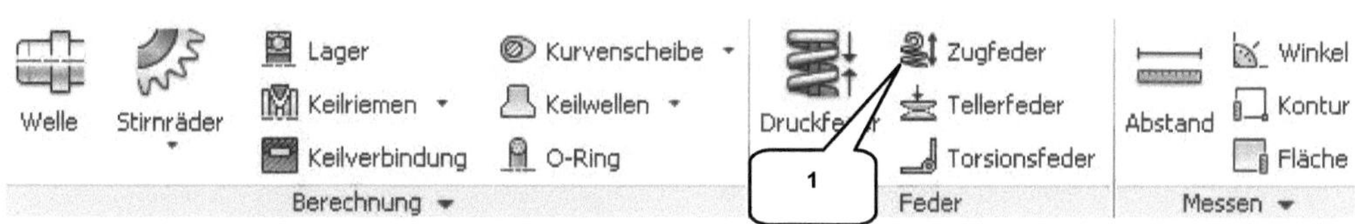

Der ⚙ **Zugfeder-Komponenten-Generator** (1) dient zur Berechnung und zur Konstruktion von Zugfedern. Im Gegensatz zum vorherigen Befehl, kann die Feder nicht auf bereits vorhandene geometrische Elemente der Baugruppe bezogen werden, sondern muss zur Positionierung manuell mit Abhängigkeiten versehen werden.

6.2.3.1 Register KONSTRUKTION

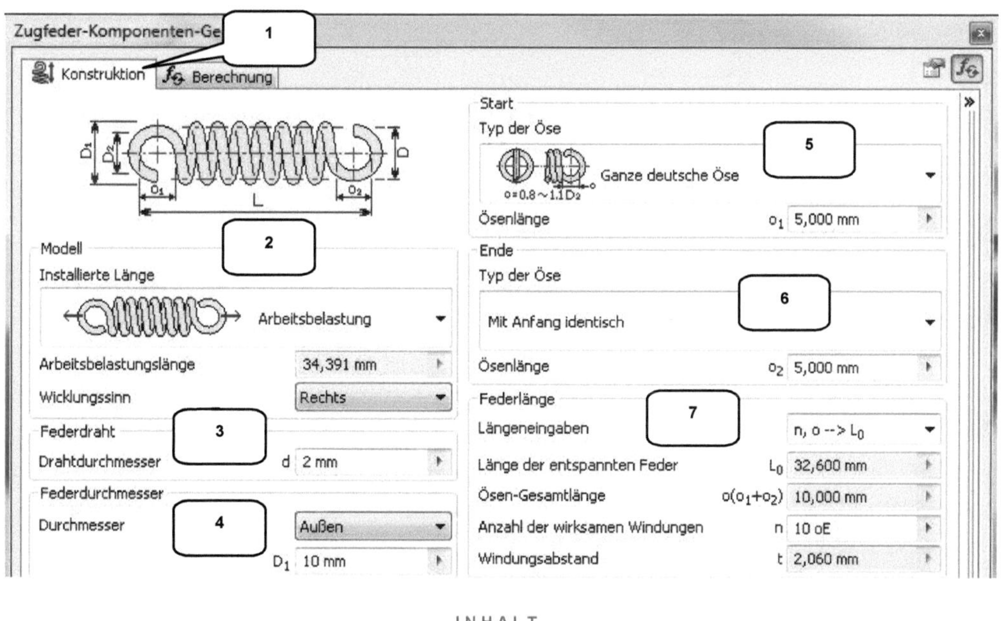

INHALT

Im Register **Konstruktion** können Federform, Drahtdurchmesser, Typ der Öse und Federlänge definiert werden.

OPTIONEN

1) Register: Konstruktion/ Berechnung	5) Typ der ersten Öse
2) Darzustellende Belastung	6) Typ der zweiten Öse
3) Durchmesser Federdraht	7) Federlänge
4) Durchmesser Feder	

6.2.3.2 Register BERECHNUNG

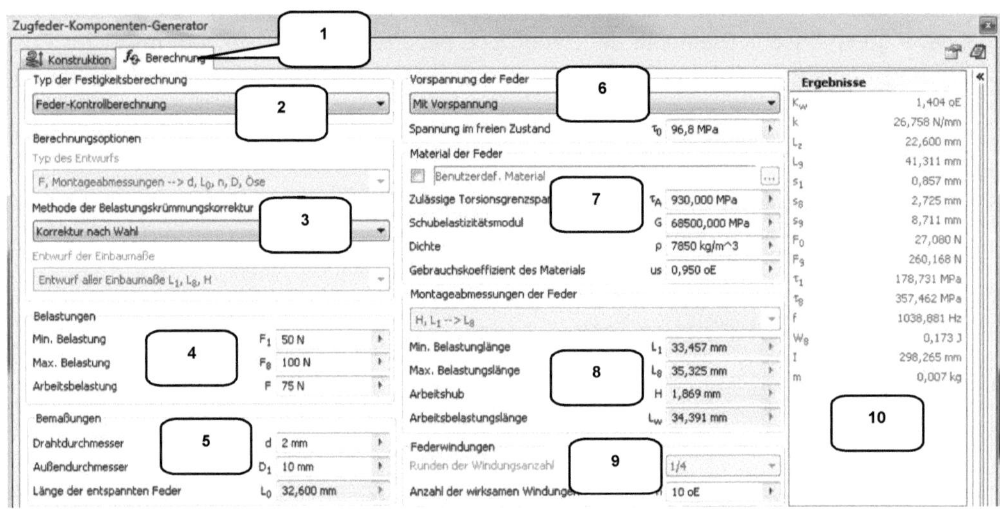

INHALT

Im Register **Berechnung** werden der Typ der Festigkeitsberechnung definiert (Zugfeder-entwurf, Feder-Kontrollberechnung, Berechnung der Arbeitskräfte), sowie Belastungen, Be-maßungen, Vorspannungen, Material, Windungen und Montageabmessungen festgelegt.

OPTIONEN

1) Register: Konstruktion/ Berechnung	6) Vorspannung der Feder
2) Typ der Festigkeitsberechnung	7) Federmaterial
3) Berechnungsoptionen	8) Montageabmessungen der Feder
4) Belastungen	9) Federwindungen
5) Bemaßungen	10) Berechnungsergebnisse

6.2.4   Spannrolle des Zahnriemens mit einer Zugfeder beaufschlagen

Der Zahnriemen in unserem Übungsbeispiel wird durch eine flache Spannrolle gespannt, um ein Springen des Zahnriemens über die Zähne der Zahnräder zu verhindern. Diese Spannrolle muss zusätzlich mit einer Zugfeder versehen werden, um Sie mit einer konstanten Zugkraft gegen den Riemen zu pressen.

Übernehmen Sie alle Werte und Einstellungen aus den folgenden beiden Abbildungen.

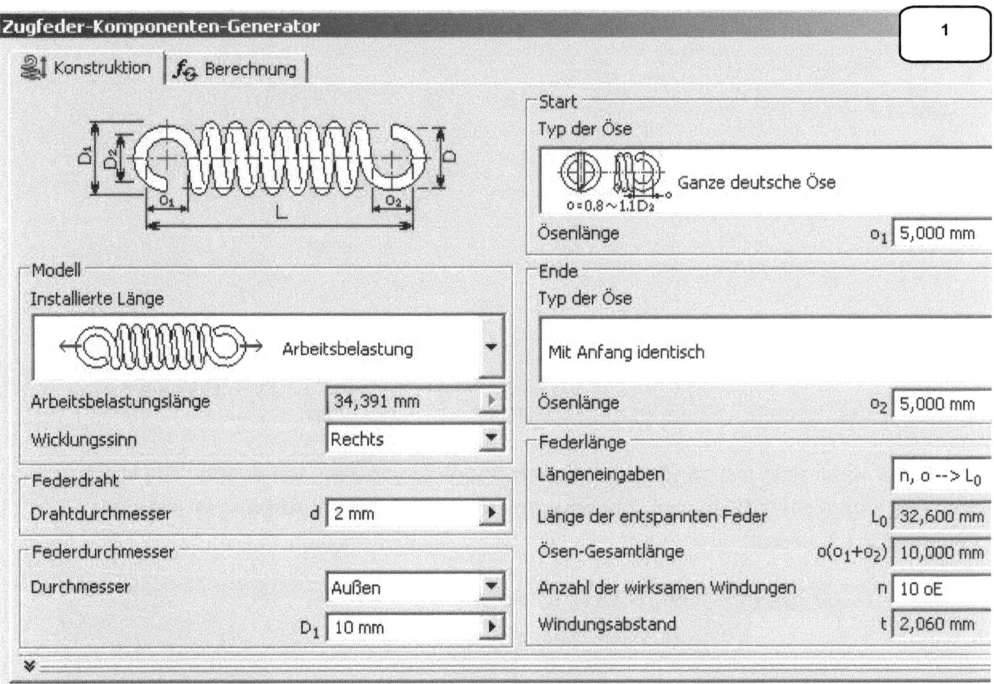

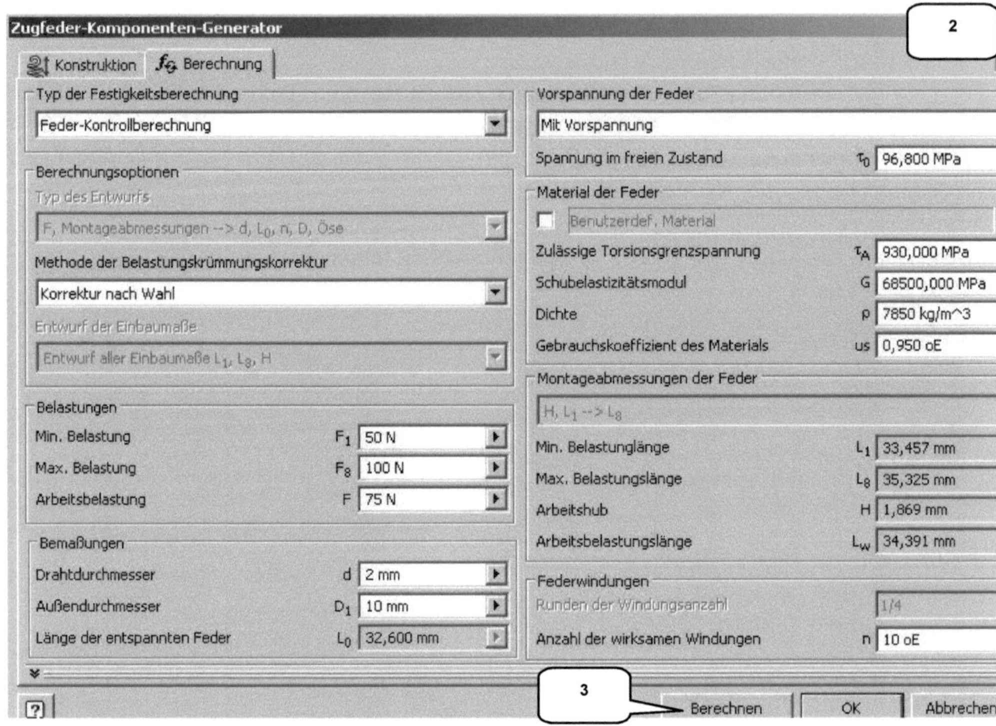

Die Feder kann jetzt frei im Zeichenbereich abgelegt werden. Verwenden Sie die folgenden drei Abhängigkeiten (Register **Zusammenfügen**, Befehl **Abhängig machen**), um die Feder zu positionieren.

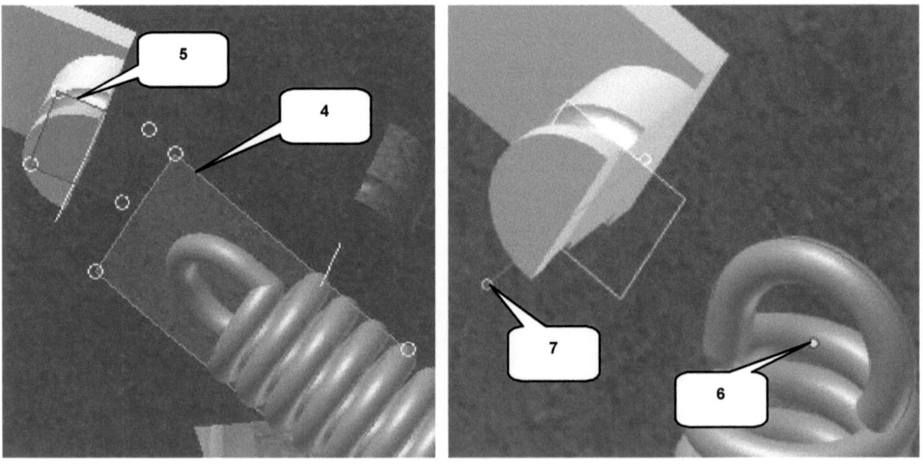

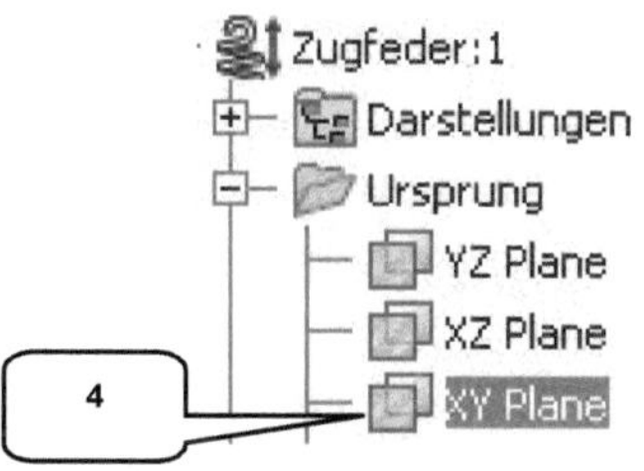

Platzieren Sie hierfür die **XY-Ebene** (Bauteil: Zugfeder) (4) auf die markierte **Ebene** (Bauteil: Führung-Spannrolle-Zahnriemen (5)). Die **Mittelpunkte** der Federösen (6) und (8) können anschließend auf die markierten **Achsen** (7) und (9) gelegt werden. In Position (10) sind Lage und Ausrichtung der Feder dargestellt worden.

Speichern Sie die gesamte Baugruppe. Achten Sie darauf, im Abfragefenster für alle Bauteile und Baugruppen die Option [Ja für alle] **Ja für alle** zu aktivieren.

6.3   Konstruktion einer Druckfeder
6.3.1   Erzeugen einer geschnitten dargestellten Ansicht

In der folgenden Übung soll zwischen den beiden Bauteilen Ventil und Zylinderkopf eine Druckfeder konstruiert werden, welche das Ventil konstant gegen die Nockenwelle presst. Zur besseren Ansicht soll die Baugruppe geschnitten dargestellt werden.

Wechseln Sie hierfür ins Register **Ansicht**, starten Sie den Befehl **Halbschnitt** (1) in der Befehlsgruppe **Darstellung** und wählen Sie die markierte Seitenfläche (2) des Nockenwellenhalters. Bestätigen Sie die Auswahl mit **OK** und kehren Sie ins Register **Konstruktion** zurück.

6.3.2 Befehlsgrundlagen DRUCKFEDER-GENERATOR

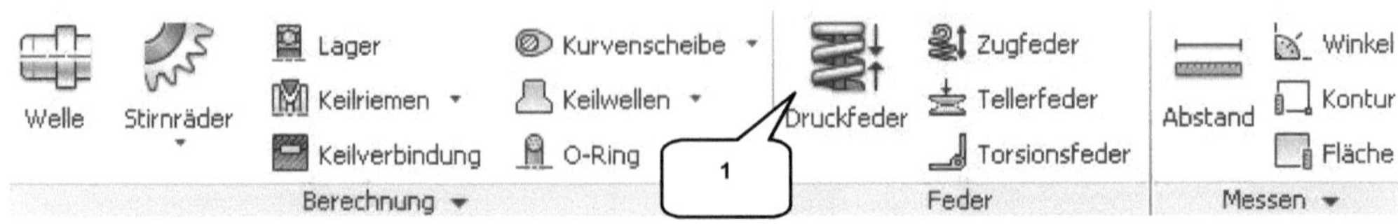

Der 🗐 **Druckfeder-Generator** (1) berechnet und konstruiert Druckfedern. Im Gegensatz zum Zugfeder-Komponenten-Generator kann die Druckfeder bereits während des Befehls auf vorhandene geometrische Elemente der Baugruppe platziert werden. Eine nachträgliche, manuelle Platzierung ist daher nicht erforderlich.

6.3.2.1 Register KONSTRUKTION

INHALT

Das Register **Konstruktion** bietet eine Platzierung der Druckfeder, die Auswahl der installierten Länge und die Definition der geometrischen Federeigenschaften (Federanfang, Federende, Federlänge und Federdurchmesser) an.

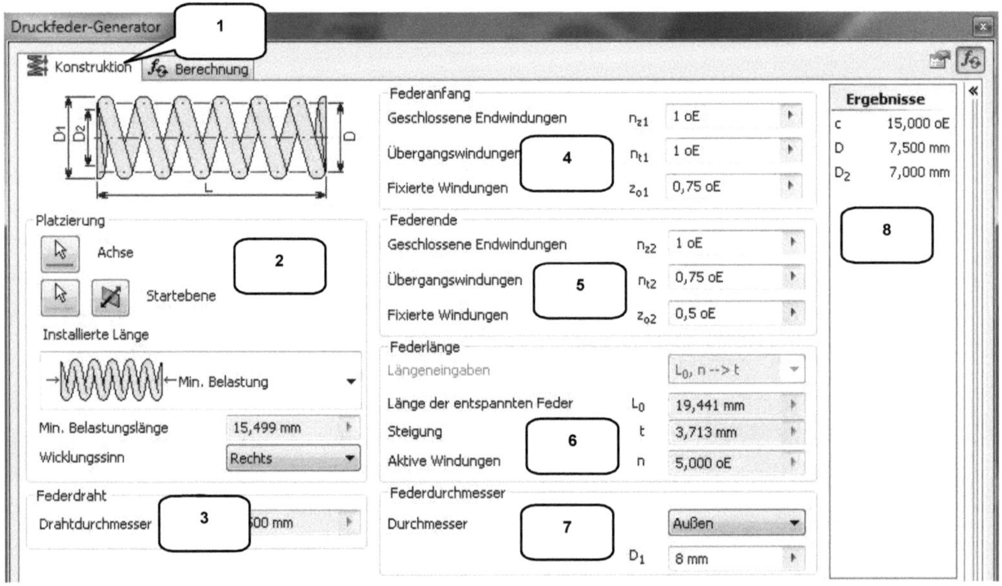

OPTIONEN

<table>
<tr><td>1) Register: Konstruktion/ Berechnung</td><td>5) Federende</td></tr>
<tr><td>2) Platzierung (Achse, Ebene), Federbelastung</td><td>6) Federlänge</td></tr>
<tr><td>3) Federdrahtdurchmesser</td><td>7) Federdurchmesser</td></tr>
<tr><td>4) Federanfang</td><td>8) Berechnungsergebnisse</td></tr>
</table>

6.3.2.2 Register BERECHNUNG

INHALT

Im Register **Berechnung** werden Berechnungstyp, Berechnungsoptionen, Federmaterial und Federbelastung festgelegt.

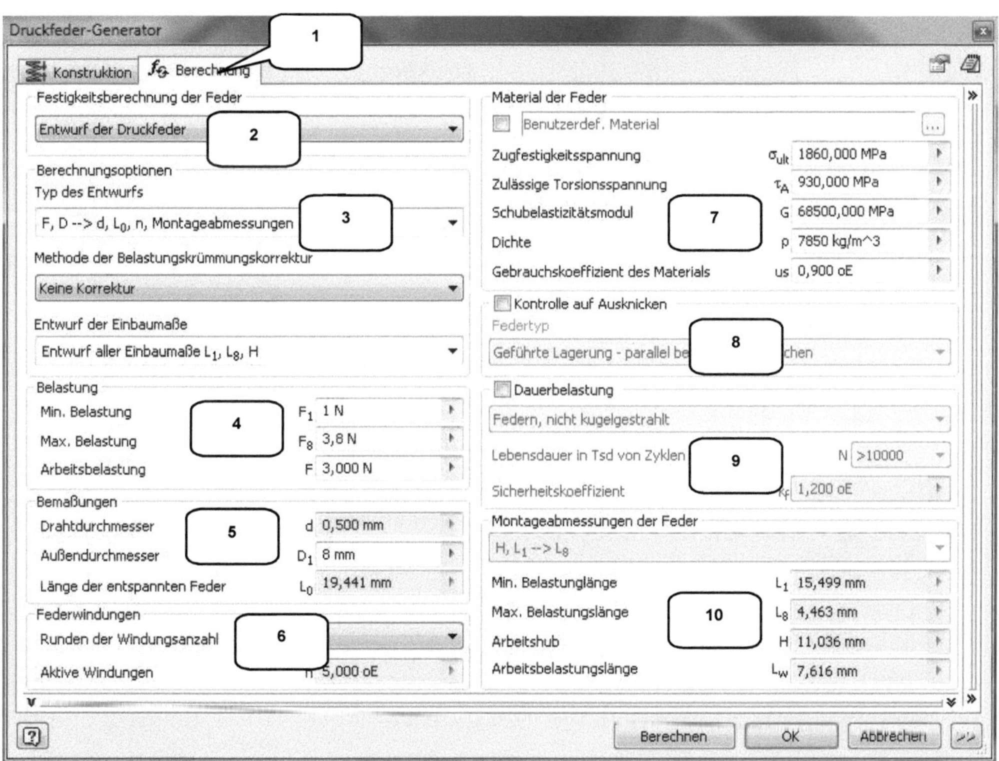

1) Register: Konstruktion/ Berechnung	6) Windungen
2) Berechnungstyp	7) Federmaterial
3) Berechnungsoptionen	8) Kontrolle auf Ausknicken
4) Belastung	9) Dauerbelastung
5) Bemaßungen	10) Montageabmessungen der Feder

6.3.3 Druckfeder zwischen Ventil und Zylinderkopf erzeugen

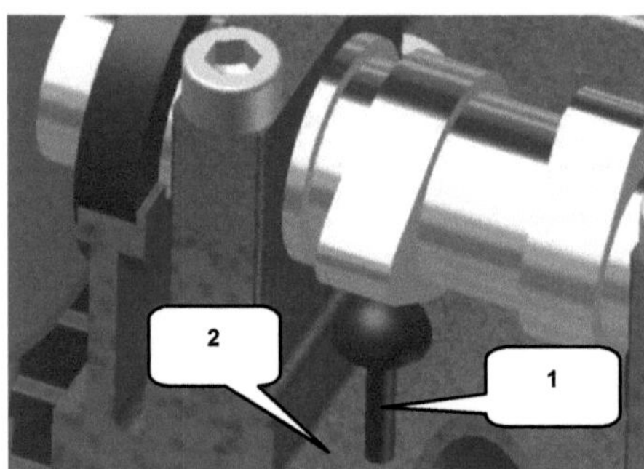

Im Register **Konstruktion** soll als $\boxed{\text{Å}}$ **Achse** die Zylinderfläche des Ventils (1) gewählt werden. Als $\boxed{\text{Å}}$ **Startebene** ist die Oberfläche des Zylinderkopfes (2) zu wählen. Übernehmen Sie auch die restlichen Werte und Einstellungen der beiden Register **Konstruktion** (3) und **Berechnung** (4) aus den folgenden Abbildungen:

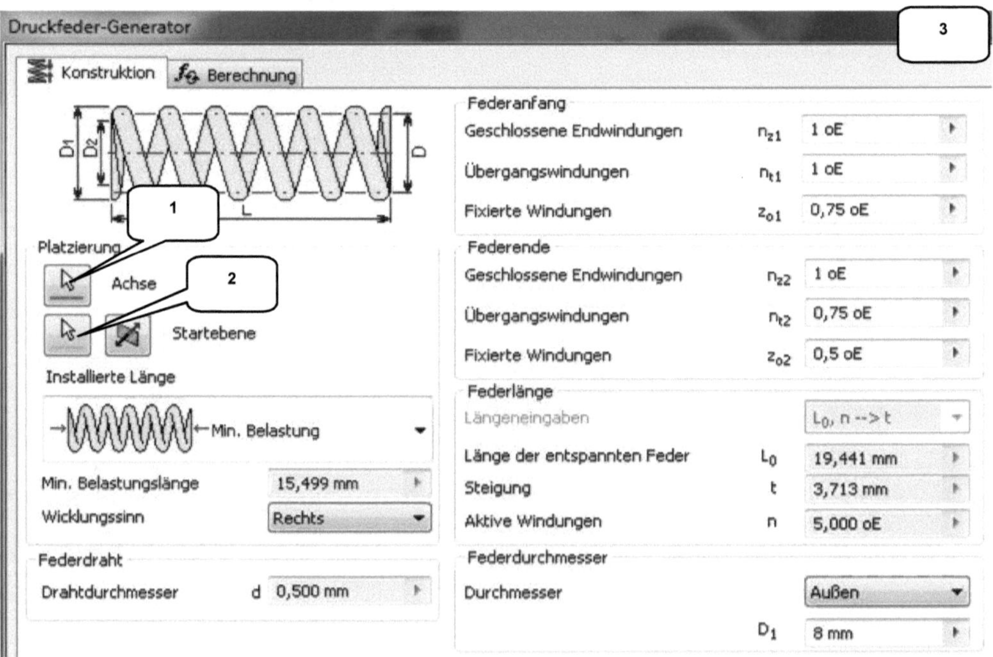

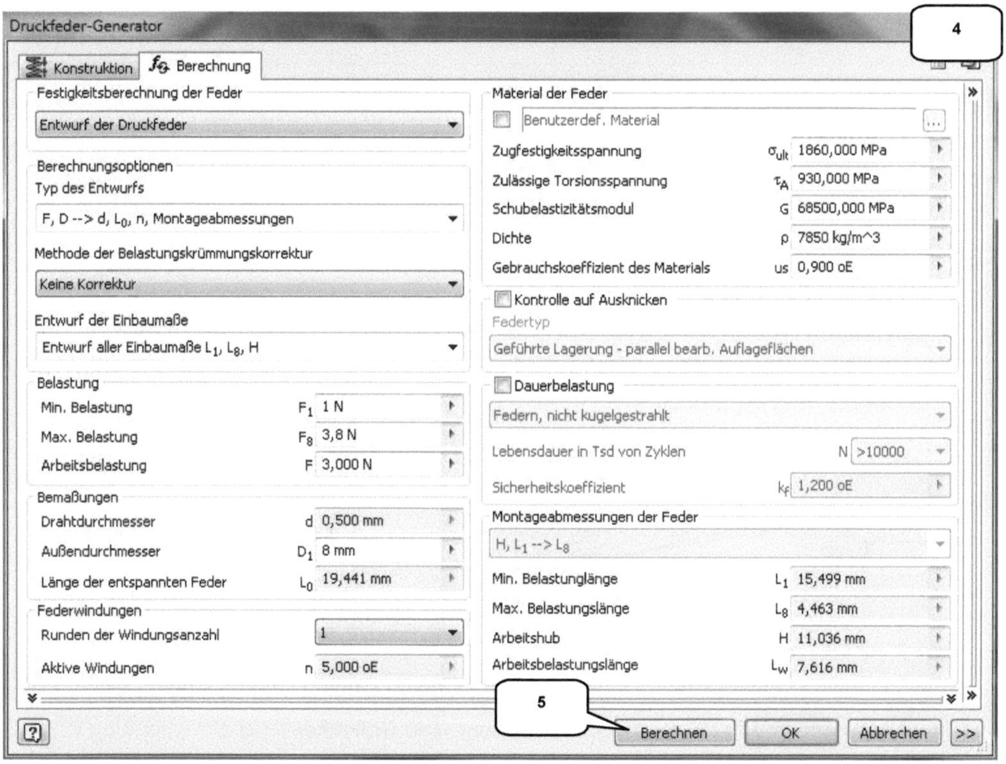

Druckfeder-Generator

4

Konstruktion f_G Berechnung

Festigkeitsberechnung der Feder

Entwurf der Druckfeder

Berechnungsoptionen

Typ des Entwurfs

F, D --> d, L_0, n, Montageabmessungen

Methode der Belastungskrümmungskorrektur

Keine Korrektur

Entwurf der Einbaumaße

Entwurf aller Einbaumaße L_1, L_8, H

Belastung

Min. Belastung	F_1	1 N
Max. Belastung	F_8	3,8 N
Arbeitsbelastung	F	3,000 N

Bemaßungen

Drahtdurchmesser	d	0,500 mm
Außendurchmesser	D_1	8 mm
Länge der entspannten Feder	L_0	19,441 mm

Federwindungen

Runden der Windungsanzahl		1
Aktive Windungen	n	5,000 oE

Material der Feder

Benutzerdef. Material

Zugfestigkeitsspannung	σ_{ult}	1860,000 MPa
Zulässige Torsionsspannung	τ_A	930,000 MPa
Schubelastizitätsmodul	G	68500,000 MPa
Dichte	ρ	7850 kg/m^3
Gebrauchskoeffizient des Materials	us	0,900 oE

Kontrolle auf Ausknicken

Federtyp

Geführte Lagerung - parallel bearb. Auflageflächen

Dauerbelastung

Federn, nicht kugelgestrahlt

Lebensdauer in Tsd von Zyklen	N	>10000
Sicherheitskoeffizient	k_f	1,200 oE

Montageabmessungen der Feder

H, L_1 --> L_8

Min. Belastunglänge	L_1	15,499 mm
Max. Belastungslänge	L_8	4,463 mm
Arbeitshub	H	11,036 mm
Arbeitsbelastungslänge	L_W	7,616 mm

5

Berechnen   OK   Abbrechen   >>

HINWEIS: Der Wert für die *minimale Belastungslänge* errechnet sich automatisch anhand der restlichen Eingaben

Nachdem alle Werte übernommen wurden, kann die ⬚ Berechnen *Berechnung* (5) gestartet und der Befehl mit ⬚ OK *OK* beendet werden. Die Schnittansicht (Register *Ansicht*) ist wieder zu beenden (⬚ Schnitt beenden *Schnitt beenden*). Wiederholen Sie diesen Schritt, bis alle 8 Ventile jeweils mit einer Feder versehen wurden.

Speichern Sie die gesamte Baugruppe. Achten Sie darauf, im Abfragefenster für alle Bauteile und Baugruppen die Option ⬚ Ja für alle *Ja für alle* zu aktivieren.

7 Getriebekonstruktion

7.1 Theoretische Grundlagen zum Getriebeaufbau

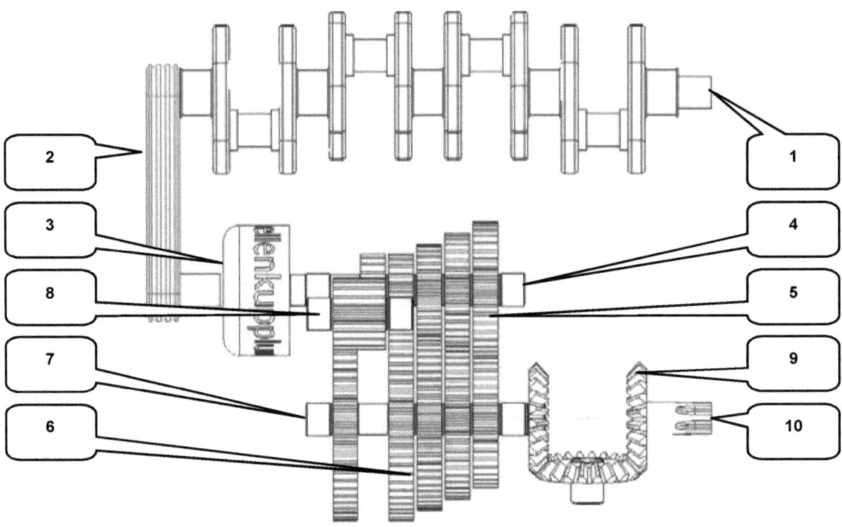

Der Kraftfluss erfolgt von der Kurbelwelle (1) über eine Rollenkette (2) zur Kupplung (3). Von hier aus wird der Kraftfluss weiter zur Antriebswelle (4) geleitet.

In diesem Übungsbeispiel findet ein Ziehkeilgetriebe Anwendung, bei welchem alle Zahnradpaare ständig im Eingriff sind. Die Zahnräder (5) der Antriebswelle sind fest mit dieser verbunden. Die Zahnräder (6) der Abtriebswelle können sich auf dieser frei drehen.

Die Abtriebswelle (7) ist innen hohl und führt einen Keil: den Ziehkeil. Er wird durch eine Rollenkette bewegt, welche axial durch die Welle verläuft. Je nach Position des Keils werden Zahnrad und Abtriebswelle eines Ganges miteinander verbunden.

Beim Rückwärtsgang wird der Kraftfluss zusätzlich über die Rücklaufwelle (8) auf die Abtriebswelle übertragen, wobei sich die Drehrichtung ändert.

Über die Abtriebswelle verläuft der Kraftfluss zum Kegelradgetriebe (9). Eine Keilwellenverbindung (10) bildet abschließend den formschlüssigen Übergang aus dem Getrieberaum heraus.

7.2 Lagerung der Wellen
7.2.1 Lagerhalterungen importieren

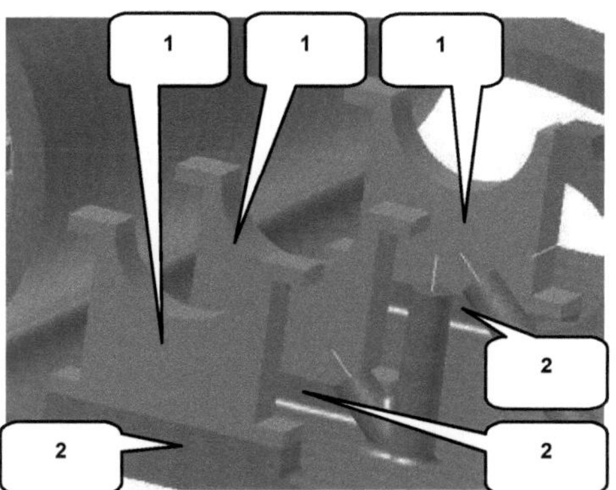

Bevor mit der Konstruktion des Getriebes begonnen werden kann, muss das Bauteil **Antriebswelle-Zwischenhalter.ipt** drei Mal in die Baugruppe importiert werden (1). Positionieren Sie die drei neuen Bauteile wie in der nebenstehenden Abbildung dargestellt. Sie sollten bündig auf den hierfür vorgesehenen Sockeln (2) des Gehäuses liegen.

7.2.2 Befehlsgrundlagen LAGER-GENERATOR

Mit dem ▥ **Lager-Generator** (1) können diverse Lagerarten berechnet und konstruiert werden. Die Dimensionierung kann manuell erfolgen oder anhand vorhandener geometrischer Elemente.

7.2.2.1 Register KONSTRUKTION

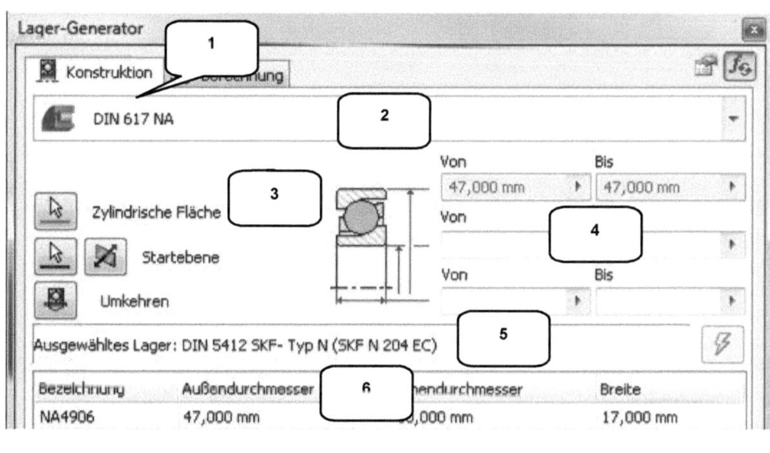

Im Register **Konstruktion** werden Typ, Größe und Position des Lagers definiert.

OPTIONEN

1) Register: Konstruktion/ Berechnung	4) Abmessungen
2) Lagertyp	5) Lager regenerieren
3) Platzierung	6) Verfügbare Lagergrößen

7.2.2.2 Register BERECHNUNG

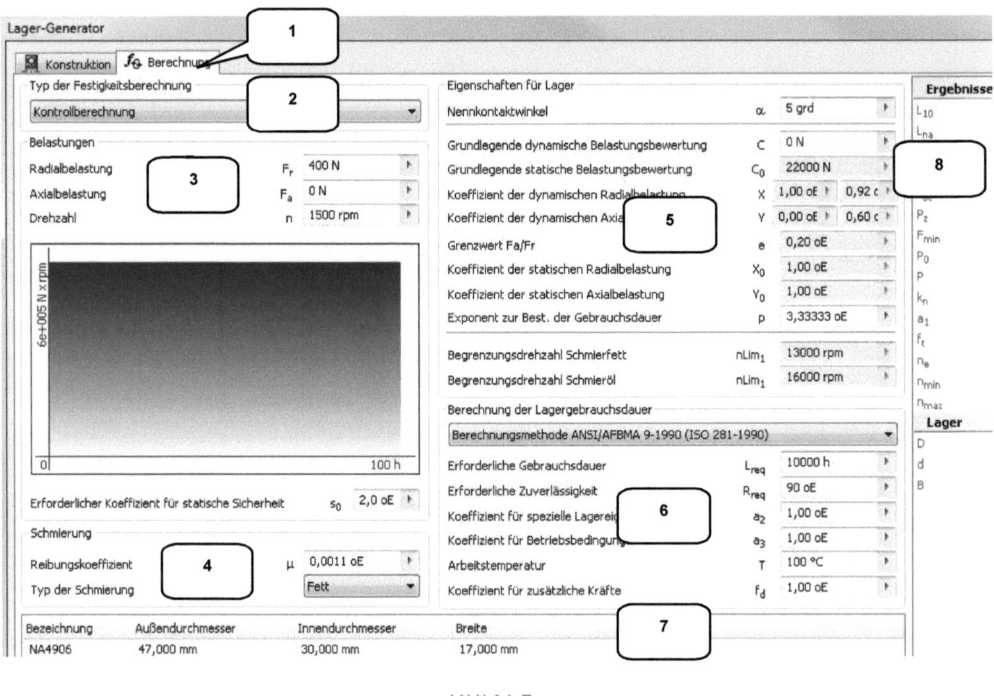

INHALT

Im Register **Berechnung** können Randbedingungen zu Berechnungstyp, Belastung, Schmierung und Gebrauchsdauer festgelegt werden.

OPTIONEN

1) Register: Konstruktion/ Berechnung	5) Eigenschaften des Lagers
2) Typ der Festigkeitsberechnung	6) Gebrauchsdauer
3) Belastungen	7) Verfügbare Lagergrößen
4) Schmierung	8) Berechnungsergebnisse

7.2.3 Erzeugen eines Zylinderrollenlagers

Die zuletzt eingefügten drei Zwischenhalter der Antriebswelle enthalten eine runde Aussparung, in welcher die Zylinderrollenlager zu platzieren sind.

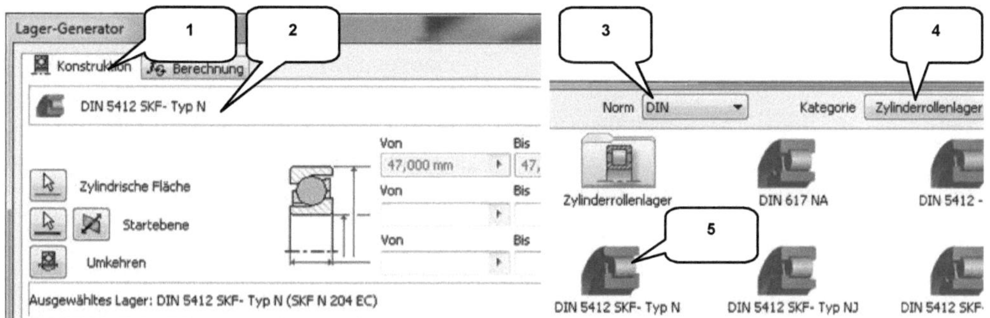

Klicken Sie im Register **Konstruktion** (1) auf den Auswahlbereich für den Lagertyp (2). Im neu geöffneten Auswahlfenster aktivieren Sie die Norm **DIN** (3), die Kategorie **Zylinderrollenlager** (4) und wählen den Typ **DIN 5412 SKF – TYP N** (5).

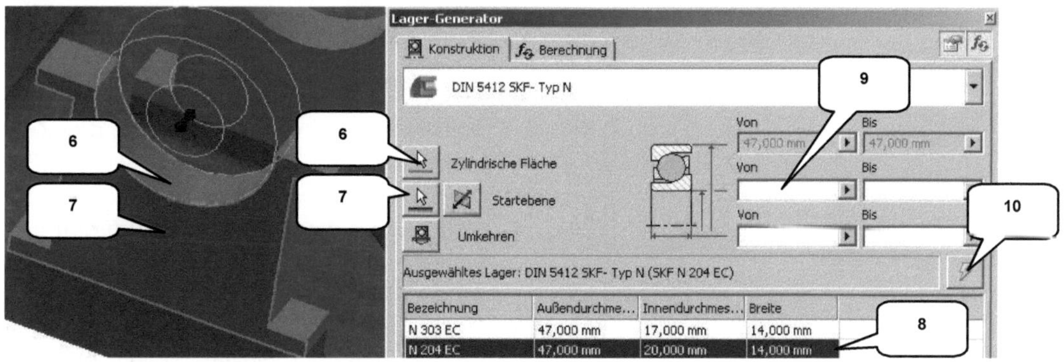

Zurück im Hauptbefehl muss als Referenz für die **zylindrische Fläche** (6) die markierte Zylinderfläche der Aussparung und als **Startebene** (7) die Stirnfläche des selben Führungselements gewählt werden. In der Tabelle im unteren Bereich des Befehlsfensters ist das Lager der zweiten Zeile (8) (N 204 EC, $D_{Außen}$: 47 mm, D_{Innen}: 20 mm, Breite: 14 mm) zu aktivieren. Der Befehl kann im Anschluss mit **OK** bestätigt werden.

HINWEIS: Das Lager **N 204 EC** wird nur zur Auswahl stehen, wenn keine abweichenden Randbedingungen für die Durchmesser ($D_{Außen}$, D_{Innen}) definiert wurden (9). Sollten hier Werte stehen, sind diese zu löschen und es ist mit **Aktualisieren** (10) zu bestätigen.

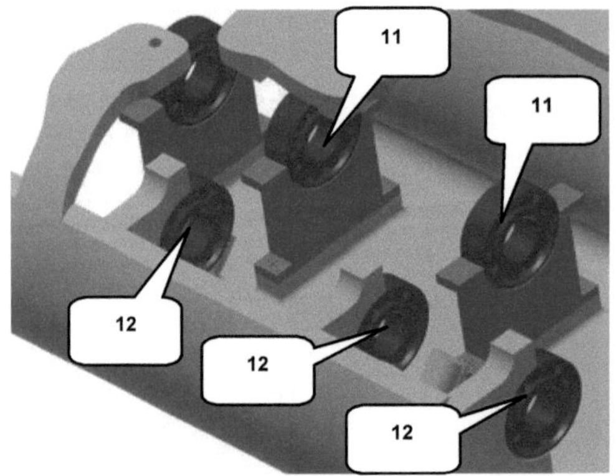

Sobald das erste Lager generiert wurde, ist der 🖾 **Lager-Generator** fünf weitere Male mit den selben Einstellungen zu wiederholen. Verwenden Sie die Aussparungen der restlichen beiden Zwischenhalter (11) und die drei Aussparungen des Motorgehäuses (12). Achten Sie darauf, dass die Lager stets in die korrekte Richtung erzeugt werden (nicht außerhalb der Lagerungen). Die nebenstehende Abbildung zeigt das gewünschte Ergebnis.

7.2.4 Modellbaum strukturieren

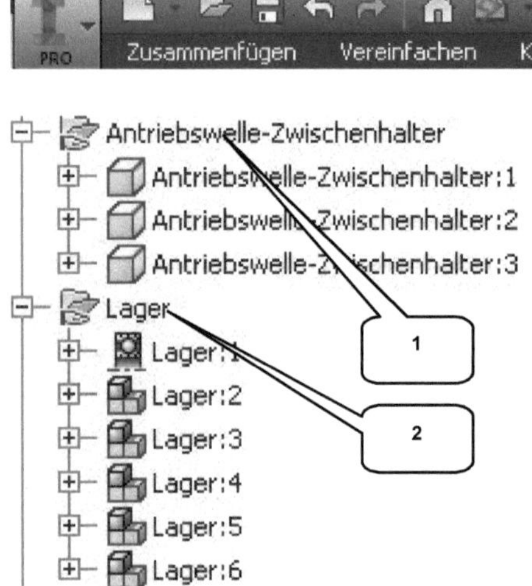

Zur besseren Strukturierung des Modellbaums, sollten die zuletzt eingefügten bzw. konstruierten Bauteile zusammengefasst werden.

Markieren Sie im Modellbaum die drei Zwischenhalter der Antriebswelle, wählen Sie dann mit der *rechten Maustaste* darauf die Option *Zu neuem Ordner hinzufügen* und verwenden Sie die Bezeichnung: *Antriebswelle-Zwischenhalter* (1).

Wiederholen Sie diesen Schritt bei den sechs Zylinderrollenlagern und verwenden Sie die Ordner-Bezeichnung: *Lager* (2). Markieren Sie die Lager anschließend und weisen Sie ihnen eine Farbüberschreibung, z. B.: *Blau-Wandfarbe-glänzend* zu (3).

7.2.5 Importieren der oberen Lagerhalterungen

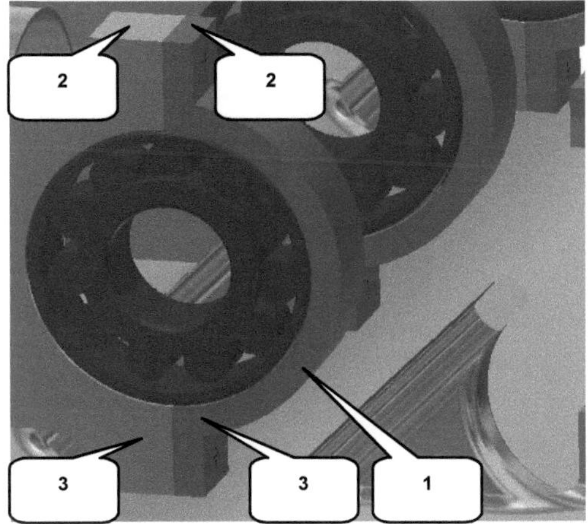

 Platzieren Sie das Bauteil **Antriebs-Abtriebswelle-Halter.ipt** (1) aus dem Projektordner und legen Sie es einmal frei in der Baugruppe ab. Setzen Sie zwei fluchtende Abhängigkeiten (2, 3), um das neue Bauteil mit dem Motorgehäuse an der nebenstehend dargestellten Position zu befestigen und das Zylinderrollenlager damit zu fixieren.

Fügen Sie fünf weitere Halter in die Baugruppe ein, um auch die restlichen fünf Zylinderrollenlager zu fixieren.

7.2.6 Modellbaum strukturieren

Markieren Sie im Modellbaum die sechs zuletzt eingefügten Halter und erzeugen Sie daraus den Ordner: **Antriebs-Abtriebswelle-Halter** (1).

7.3 Befestigung der Lagerhalterungen

Die Lagerhalterungen sollen durch Schraubenverbindungen am Motorgehäuse bzw. am Zwischenhalter der Antriebswelle befestigt werden. Das Programm bietet hier die Möglichkeit, Gewindebohrungen und Verbindungskomponenten aus dem Inhaltscenter (Schrauben, Scheiben, Muttern) in einem einzigen Schritt zu erzeugen.

7.3.1 Befehlsgrundlagen SCHRAUBENVERBINDUNGS-GENERATOR

Mit dem Schraubenverbindungs-Generator (1) können Schraubenverbindungen, bestehend aus Schraube, Scheibe und Mutter, erzeugt sowie Festigkeits-, Belastungs- und Ermüdungsberechnungen durchgeführt werden. Nach Auswahl des Schraubentyps und der gewünschten Größe, werden die benötigten Bohrungen/ Gewindebohrungen automatisch berechnet und in den betreffenden Bauteilen erzeugt.

7.3.1.1   Register KONSTRUKTION

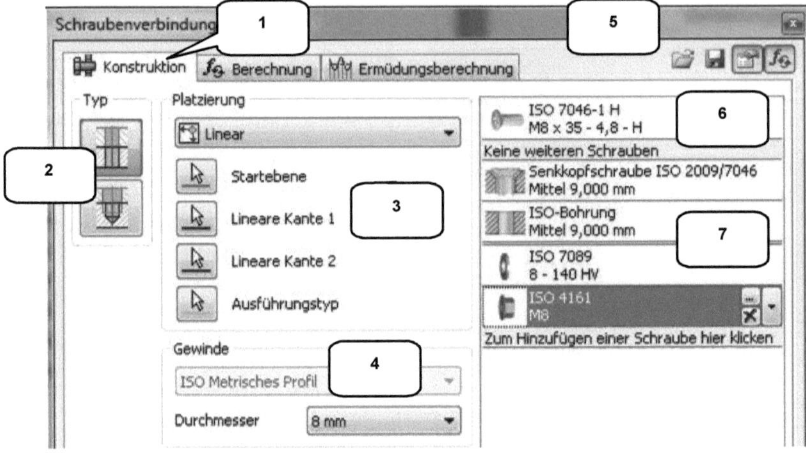

INHALT

Der Register **Konstruktion** dient zur Positionierung des Verbindungselements, zur Definition von Bohrungsart und Gewindetyp sowie zur Auswahl der zu montierenden Schrauben,
Scheiben und Muttern.

OPTIONEN

1) Register: Konstruktion/ Berechnung/
   Ermüdungsberechnung
2) Bohrungen durchgängig oder be-
   grenzt erzeugen
3) Platzierungstyp (Linear, Konzentrisch,
   Auf Punkt, Nach Bohrung)

4) Gewindetyp
5) Einstellungen importieren/ exportieren, Berechnung, Dateibenennung
6) Komponenten einfügen
7) Vorschau in chronologischer Reihenfolge

7.3.1.2   Register BERECHNUNG

INHALT

Mit dem Register **Berechnung** können die gewählten Verbindungselemente überprüft werden. Sie können verschiedene Belastungen wählen, Materialien ändern und verschiedene
Berechnungstypen aktivieren.

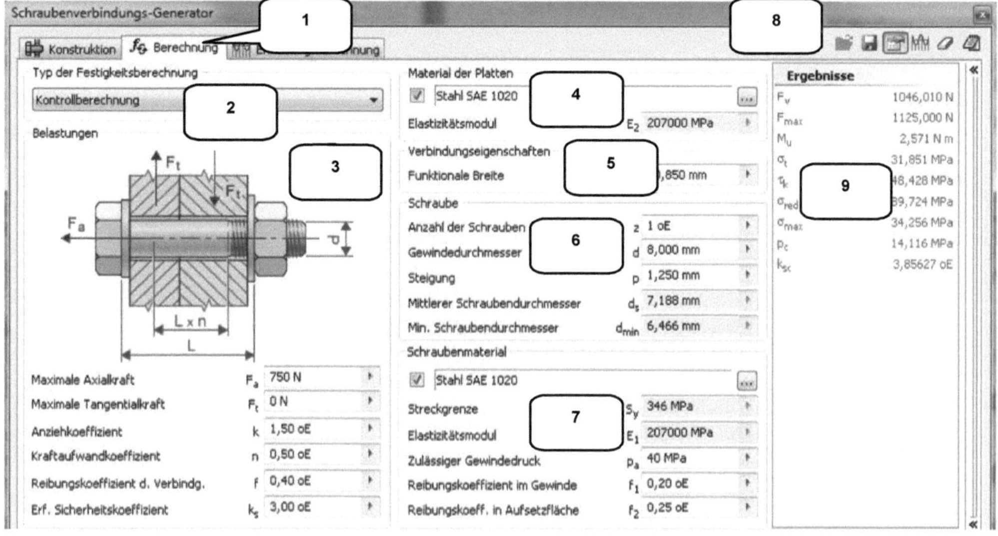

O P T I O N E N

1) Register: Konstruktion/ Berechnung/ Ermüdungsberechnung	6) Schraubeneigenschaften
2) Typ der Festigkeitsberechnung	7) Schraubenmaterial
3) Belastungen	8) Ermüdungsberechnung, Berechnung, Ergebnisdarstellung als *.html
4) Plattenmaterial	9) Ergebnisdarstellung
5) Verbindungseigenschaften	

HINWEIS: Um das Register **_Berechnung_** öffnen zu können, muss vorab im Register **_Konstruktion_** die gleichnamige Option f_Θ **_Berechnung_** aktiviert werden.

7.3.1.3   Register ERMÜDUNGSBERECHNUNG

I N H A L T

Mit dem Register **_Ermüdungsprüfung_** können Belastungsschwankungen unter Verwendung verschiedener Methoden berechnet werden.

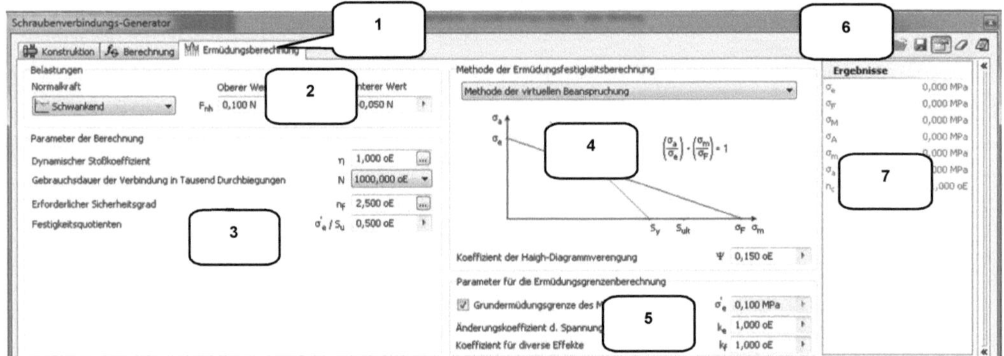

OPTIONEN

1) Register: Konstruktion/ Berechnung/ Ermüdungsberechnung

2) Belastungsart (schwankend, wieder-kehrend, asymmetrisch, symmetrisch umgekehrt)

3) Berechnungsparameter

4) Ermüdungsfestigkeitsberechnung

5) Parameter für die Ermüdungsgrenzen

6) Berechnungsvorlagen exportieren, Dateibenennung aktivieren/ deaktivie-ren, Berechnungsdaten zurücksetzen oder Ergebnisse als *.html darstellen

7) Ergebnisdarstellung

HINWEIS: Um das Register **_Ermüdungsberechnung_** öffnen zu können, muss vorab im Register **_Konstruktion_** die gleichnamige Option ⋔ **_Ermüdungsberechnung_** aktiviert wer-den.

7.3.2   *Lagerhalterungen der Antriebswelle miteinander verbinden*

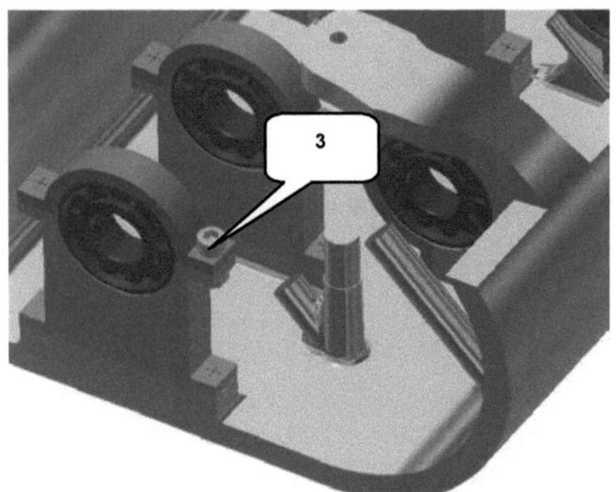

In der folgenden Übung sollen die Bauteile **_Antriebswelle-Zwischenhalter.ipt_** und **_An-triebs-Abtriebswelle-Halter.ipt_** durch Schrauben und Muttern miteinander ver-bunden werden.

Wählen Sie die Verbindung ▦ **_Durch alle_** (1) und als Platzierungsoption den Typ 🔲 Linear **_Linear_** (2).

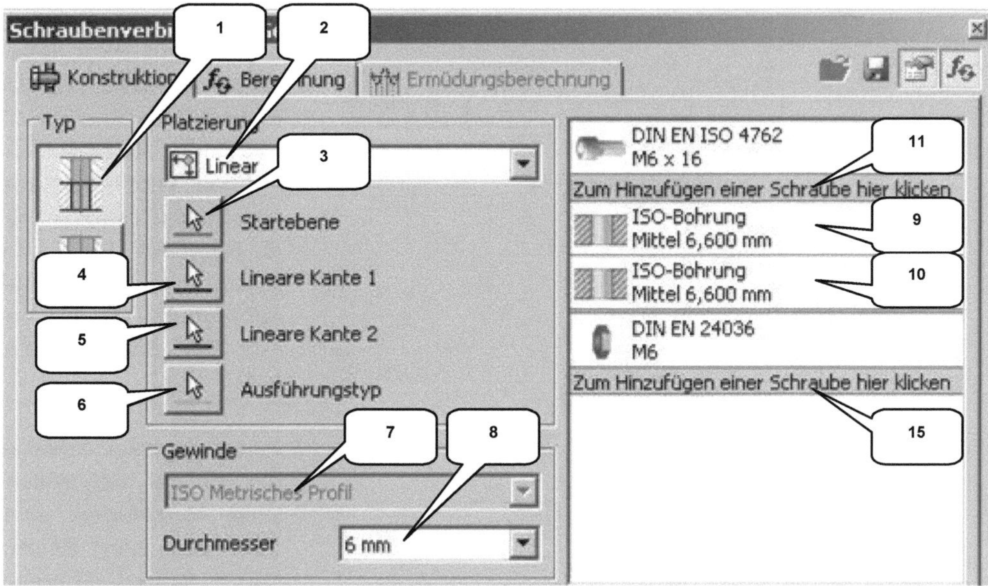

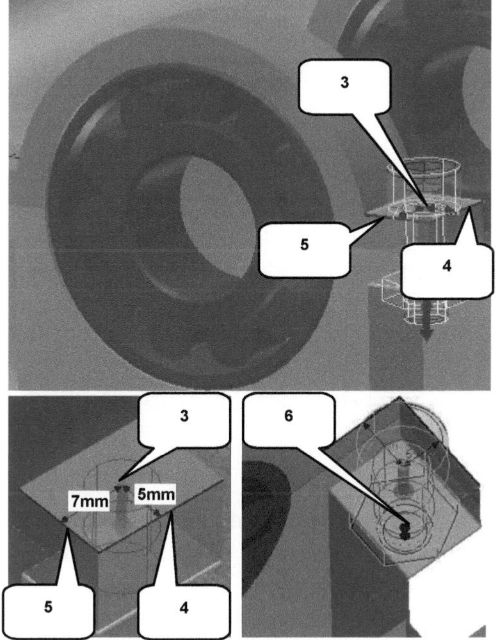

Als ⟋ **Startebene** (3) dient die markierte Fläche des oberen Halters, als Referenzen für die ⟋ **linearen Kanten** (4, 5) werden die beiden markierten Kanten (Abstände: **5 mm, 7 mm** gewählt. Als ⟋ **Ausführungstyp** (6) ist die untere Fläche des unteren Halters zu wählen.

Im Auswahlfeld **Gewinde** (7) ist der Typ **ISO Metrisches Profil** mit einem Durchmesser **6 mm** (8) einzustellen. Im rechten Bereich des Befehlsfensters werden die beiden Bohrungen bereits angezeigt: Eine Bohrung für den oberen Halter (9) und eine Bohrung für den unteren Halter(10).

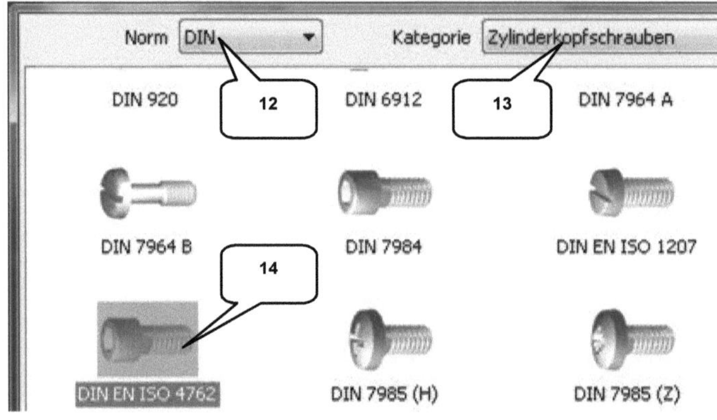

Klicken Sie auf die Schaltfläche *Zum Hinzufügen einer Schraube hier klicken* (11).

Im neu geöffneten Auswahlfenster wählen Sie die Norm *DIN* (12), die Kategorie *Zylinderkopfschrauben* (13) und den Typ *DIN EN ISO 4762* (14).

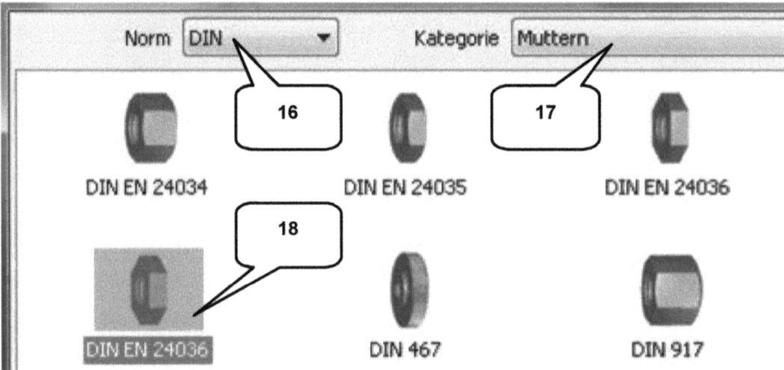

Zurück im Hauptbefehl ist die untere Schaltfläche *Zum Hinzufügen einer Schraube hier klicken* (15) zu wählen. Aktivieren Sie die Norm *DIN* (16), die Kategorie *Muttern* (17) und wählen Sie den Typ *DIN EN 24036* (18).

Der Schraubenverbindungs-Generator bietet die Möglichkeit, Vorlagen für Schraubenverbindungen zu exportieren, um bereits definierte Kombinationen aus z. B. Schraube, Mutter und Bohrung auch später verfügbar zu machen. Die Vorlage wird in Form einer XML-Datei gespeichert und kann jederzeit wieder aufgerufen werden.

Zurück im Hauptbefehl ist die Option ⊟ *Vorlage exportieren* (19) zu starten. Im neu geöffneten Eingabefenster wählen Sie den Speicherort Ihres Projekts, tragen als Dateinamen die Bezeichnung *Schraubverbindung-M6* ein, verwenden den Dateityp *Vorlagen (*.xml)* und Speichern *Speichern* danach. Der Schraubenverbindungs-Generator kann jetzt durch OK *OK* bestätigt werden, und das Programm generiert die Schraubenverbindung. Mithilfe der soeben erstellten Vorlage, können weitere Schraubenverbindungen komfortabler erzeugt werden.

Starten Sie den **Schraubenverbindungs-Generator** erneut und wählen Sie die Option **Vorlage importieren** (20). Im folgenden Auswahlfenster ist die Vorlage **Schraubver-bindung-M6.xml** auszuwählen und zu **Öffnen** **Öffnen**.

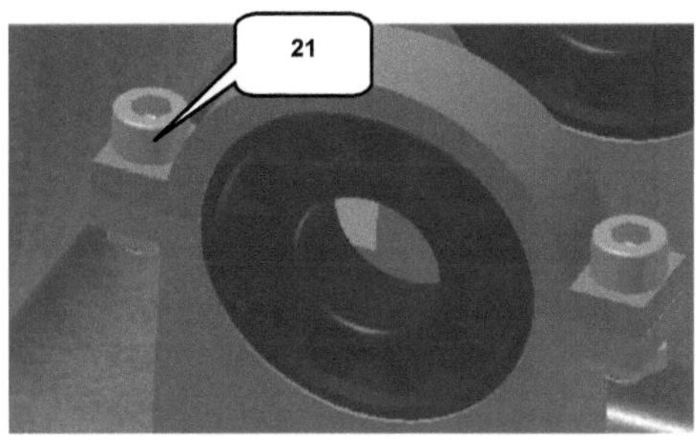

Schraube, Mutter und Bohrung werden aus dieser Vorlage importiert und müssen nur noch positioniert werden. Verwenden Sie in den Bereichen **Typ** und **Platzierung** die-selben Einstellungen wie in der vorherge-henden Schraubenverbindung und platzie-ren Sie die Schraubenverbindung auf der markierten Position (21).

HINWEIS: Alle Bauteile **Antriebswelle-Zwischenhalter.ipt** und **Antriebs-Abtriebswelle-Halter.ipt** wurden durch den letzten Befehl automatisch mit Bohrungen versehen (identische Quelldatei). Die Vorlage **Schraubverbindung-M6.xml** kann hier trotzdem verwendet wer-den, lediglich der Platzierungstyp ist auf **Nach Bohrung** (23) zu ändern. Als **Vorhan-dene Bohrung** ist die bereits erstellte Bohrung zu wählen. Die Auswahl der Referenzkanten entfällt somit.

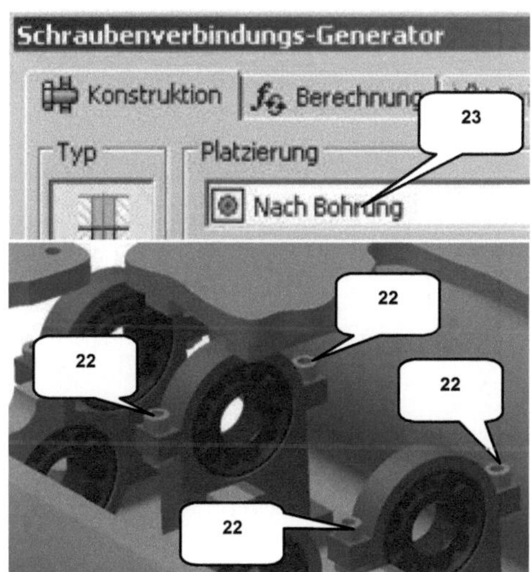

Starten Sie den **Schraubenverbin-dungs-Generator**, öffnen Sie die Vorlage **Schraubverbindung-M6.xml** (20) und er-zeugen Sie vier weitere Schraubenverbin-dungen, wie in der nebenstehenden Abbil-dung markiert (22).

Aktivieren Sie den Platzierungstyp **Nach Bohrung** (23) und wählen Sie als **Refe-renz** für die vorhandene **Bohrung** die be-reits in den Bauteilen generierten Boh-rungslöcher. Beenden Sie den Generator abschließend und **speichern** Sie die Bau-gruppe.

7.3.3 Lagerhalterungen der Wellen am Motorgehäuse befestigen

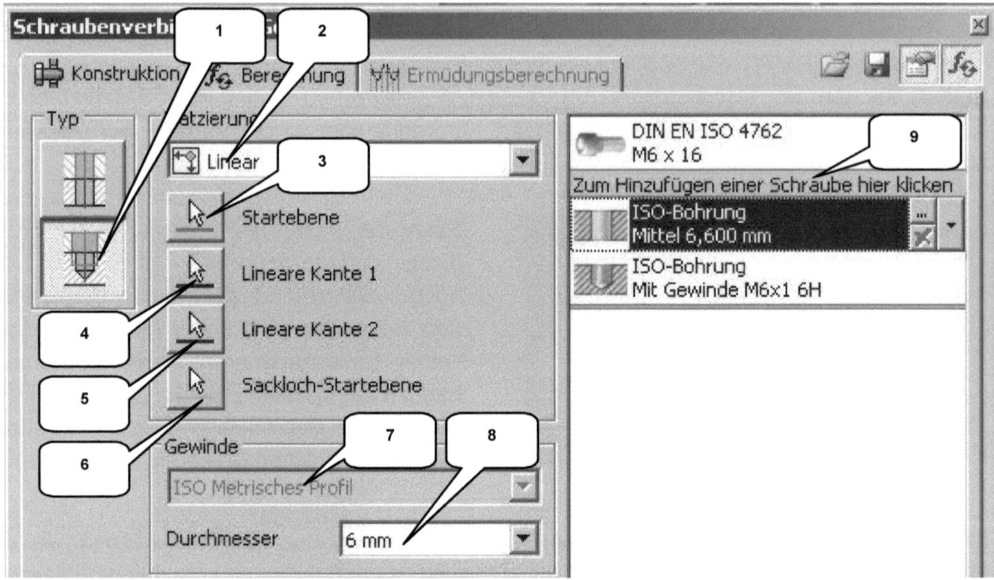

Starten Sie den ⊕ **Schraubenverbindungs-Generator** erneut, um die drei Zwischenhalter mit dem Motorgehäuse zu verschrauben. Wählen Sie die Option ⊕ **Nicht durchgehend** (1), den Platzierungstyp ⊞ Linear **Linear** (2), die **Startebene** (3), die beiden **linearen Kanten** (4, 5) mit den Abständen **5 mm** und **7 mm**, sowie die **Sackloch-Startebene** (6). Verwenden Sie den Gewindetyp **ISO Metrisches Profil** (7) und den Durchmesser **6 mm** (8). Klicken Sie danach auf die Schaltfläche **Zum Hinzufügen einer Schraube hier klicken** (9), um eine Schraube auszuwählen.

HINWEIS: Als **Sackloch-Startebene** (6) ist die markierte Fläche am Motorgehäuse zu wählen, auf welcher der Zwischenhalter montiert wurde.

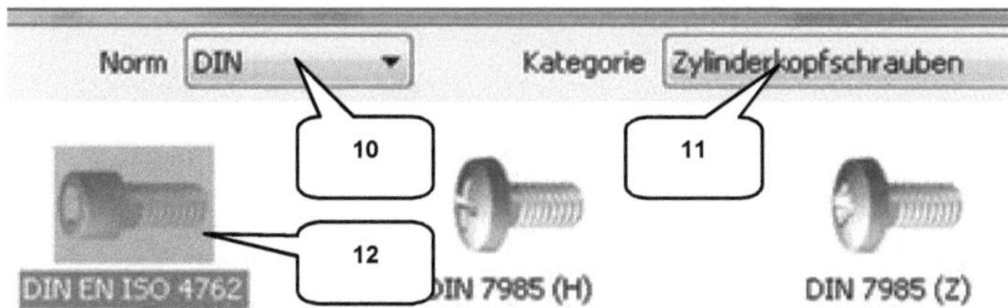

Im Auswahlfenster wählen Sie die Norm **DIN** (10), die Kategorie **Zylinderkopf-schrauben** (11) und den Typ **DIN EN ISO 4762** (12).

Bestätigen Sie den Befehl mit [Anwenden] **Anwenden**. Der Befehl ist zu wiederholen, bis alle 12 in den folgenden beiden Abbildungen markierten Verbindungen erzeugt wurden.

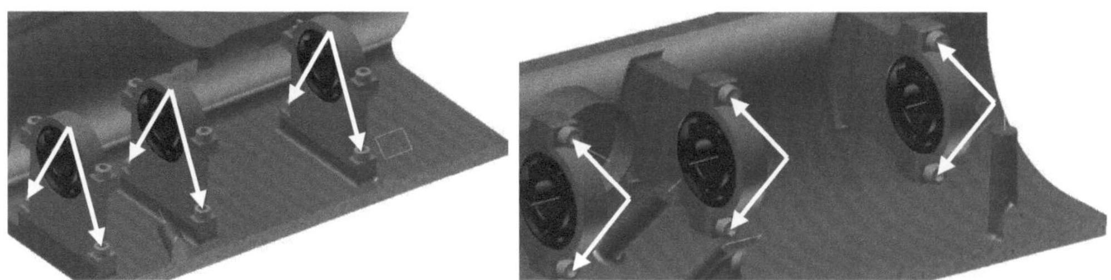

Markieren Sie alle Schraubenverbindungen im Modellbaum und erzeugen Sie daraus einen neuen Ordner **Schraubenverbindungen**. Die Baugruppe sollte jetzt erst einmal **gespeichert** werden. Achten Sie darauf, eine Erstspeicherung der neuen Komponenten zu gewährleisten (Ja für alle).

7.4 Konstruktion der Getriebewellen
7.4.1 Platzieren der Lamellenkupplung

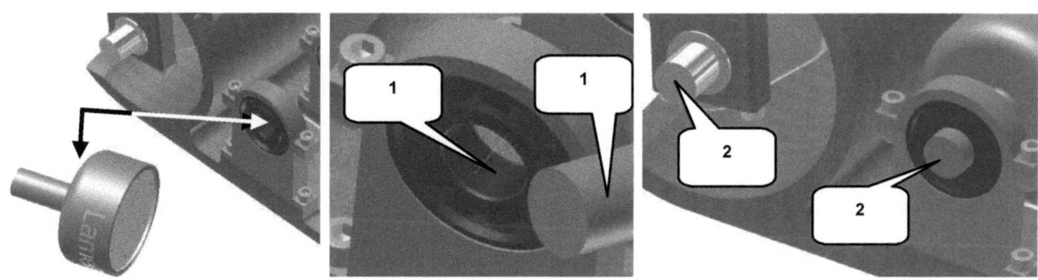

Importieren Sie das Bauteil **Kupplung.ipt** aus dem Projektordner und positionieren Sie es wie in den oberen Abbildungen dargestellt. Setzen Sie eine axiale Abhängigkeit zwischen den Längsachsen des markierten Lagers und der Kupplung (1), und eine fluchtende Abhängigkeit zwischen den Stirnflächen von Kupplung und Kurbelwelle (2).

7.4.2 Befehlsgrundlagen WELLEN-GENERATOR

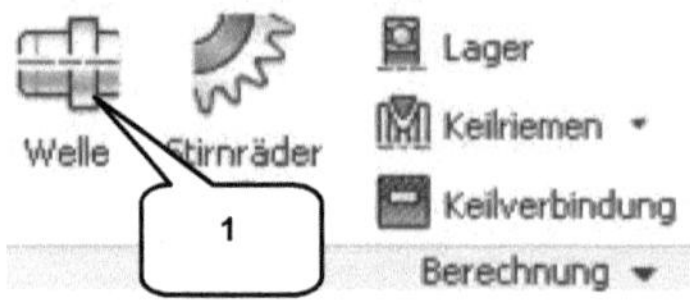

Mit dem ▥ **Wellen-Generator** (1) können Wellen, bestehend aus einem oder mehreren Abschnitten, berechnet und konstruiert werden. Eine Welle kann voll oder als Hohlwelle konstruiert und zusätzlich mit Bohrungen, Kerben oder anderen Aussparungen versehen werden.

7.4.2.1 Register KONSTRUKTION

INHALT

Der Register **Konstruktion** ermöglicht die Platzierung der Welle in einer vorhandenen Geometrie sowie die Dimensionierung der einzelnen Wellenabschnitte. Die Welle kann mit Fasen, Rundungen, Rillen, Gewinden, Nuten, Bohrungen, Einstichen oder Kerben versehen werden. Die einzelnen Wellenabschnitte können zylindrisch, geschnitten, kegelig, als Polygon oder nach einer vordefinierten Skizze erzeugt werden. Die Daten einer Welle können importiert oder exportiert werden.

OPTIONEN

1) Register: Konstruktion/ Berechnung/ Diagramme	4) Wellentyp
2) Platzierung	5) Wellenabschnitte auflisten
3) Neue Wellenabschnitte erzeugen/ vorhandene bearbeiten	6) Berechnungen, Dateibenennung, Zurücksetzen der Berechnungswerte

7.4.2.2   Register BERECHNUNG

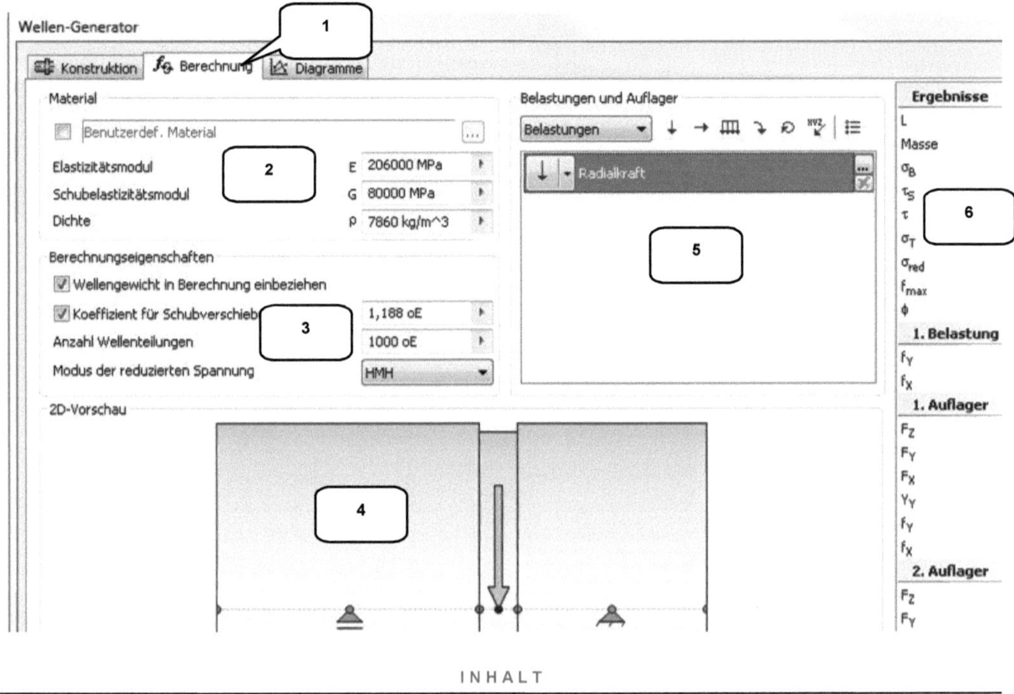

INHALT

Im Register **Berechnung** werden Material, Berechnungseigenschaften und Belastungsarten festgelegt. Eine 2D-Vorschau zeigt die Berechnungsergebnisse der Belastungsanalyse.

OPTIONEN

1) Register: Konstruktion/ Berechnung/ Diagramme

2) Material

3) Berechnungseigenschaften

4) Belastungsanalyse (2D-Vorschau)

5) Belastungen und Auflager

6) Berechnungsergebnisse

7.4.2.3 Register DIAGRAMME

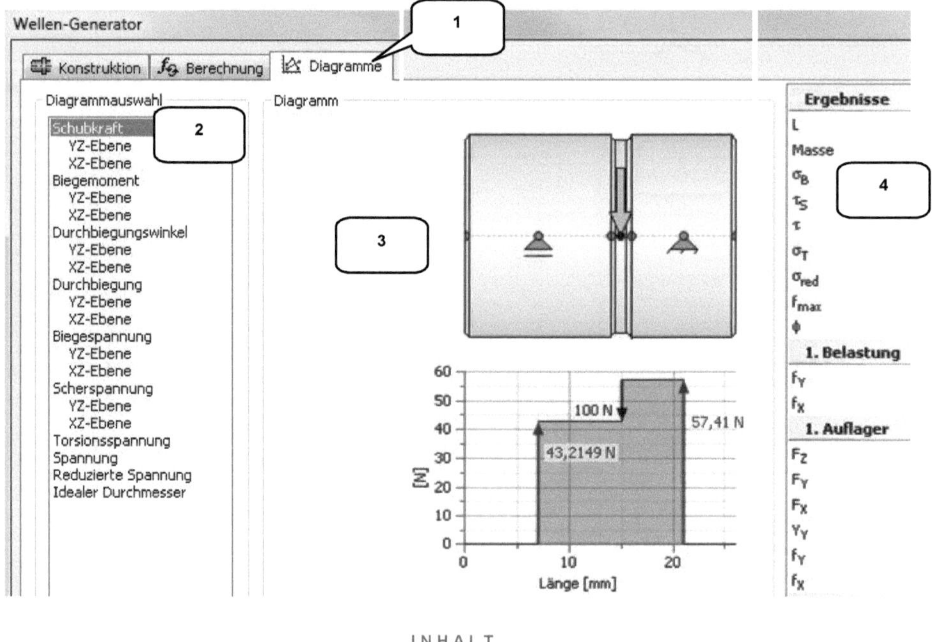

Das Register **Diagramme** bietet, zusätzlich zur grafischen Vorschau der Wellenbelastung, ein Diagramm mit der grafischen Darstellung der Berechnungsergebnisse (Schubkräfte, Biegekräfte, Spannungen und Drehmomente). Im linken Bereich des Befehlsfensters können die einzelnen Berechnungsdiagramme aktiviert werden, in der Mitte werden sie dargestellt, rechts befinden sich die Berechnungsergebnisse in tabellarischer Form.

1) Register: Konstruktion/ Berechnung/ Diagramme

2) Diagrammauswahl

3) Wellenbelastung, Diagramm

4) Berechnungsergebnisse

7.4.3 Konstruktion der Antriebswelle

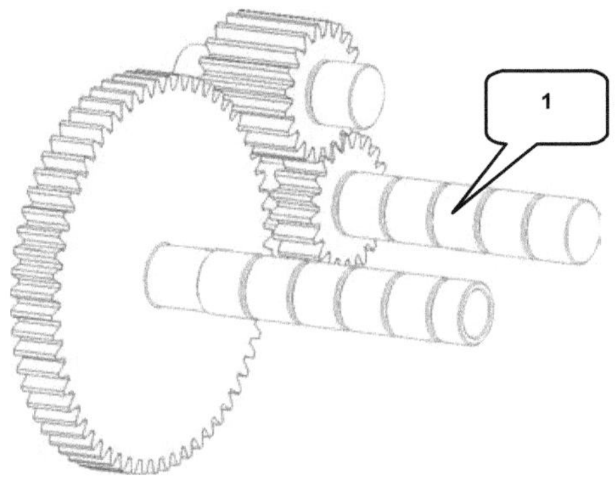

Als erstes Wellenobjekt soll die **Antriebswelle** (1) konstruiert werden. Sie wird fünf Zahnräder tragen: Vier für die Vorwärtsgänge und einen für den Rückwärtsgang.

Die Antriebswelle ist fest mit der Kupplung verbunden und überträgt ihren Kraftfluss über die Zahnräder. Entweder direkt auf die Abtriebswelle (alle Vorwärtsgänge), oder über die Rücklaufwelle zur Abtriebswelle (der Rückwärtsgang).

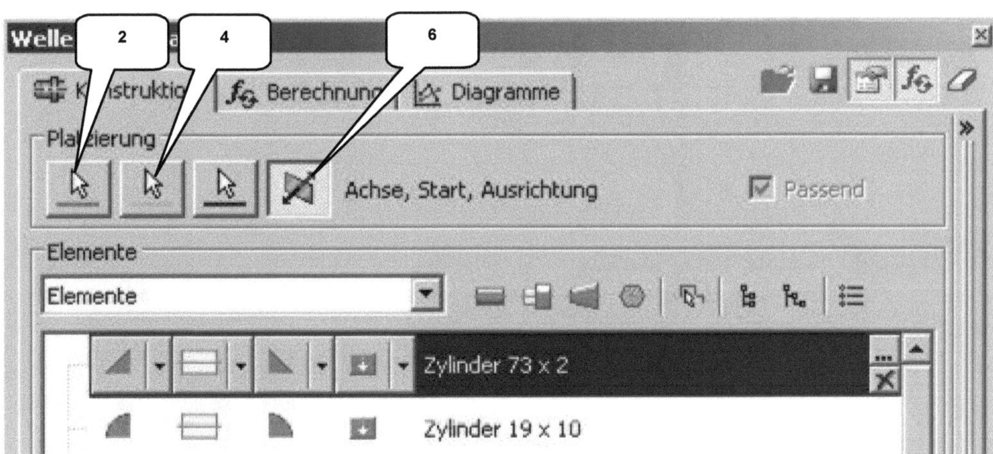

Sofern noch nicht geschehen, ist jetzt der **Wellen-Generator** zu starten. Legen Sie die vorkonfigurierte Welle einmal frei mit der linken Maustaste im Zeichenbereich ab. Wählen Sie als **zylindrische Fläche** die innere Zylinderfläche (2) des sich neben der Kupplung (3) befindlichen Lagers.

Als **planare Startfläche** ist die markierte Fläche der Kupplung (4) zu verwenden.

Die Welle sollte jetzt bereits als Vorschau angezeigt werden (5). Achten Sie darauf, dass die Welle von der Kupplung weg zeigt. Sollte dies bei Ihnen nicht der Fall sein (die Welle verläuft durch die Kupplung hindurch nach außen), muss die Richtung mit der Option ⧄ *Seite umkehren* (6) korrigiert werden.

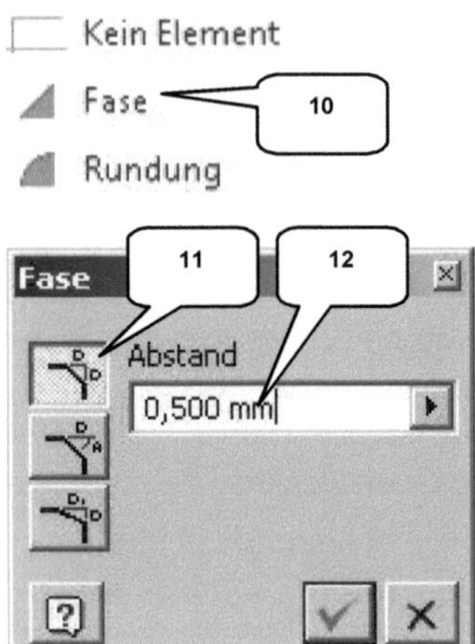

Die Antriebswelle besteht aus mehreren Abschnitten, die in der folgenden Übung zu konstruieren sind. Zunächst ist die Option *Elemente* (7) zu aktivieren.

Der darunter liegende Strukturbaum stellt die Anzahl der aktuell vorhandenen Wellenabschnitte dar. Löschen Sie alle Abschnitte bis auf einen. Verwenden Sie die Option ✗ *Löschen* (Zeile anklicken, dann ✗ *löschen* (8) wählen). Sobald alle Abschnitte (bis auf einen) gelöscht wurden, kann mit dessen Bearbeitung begonnen werden. Klicken Sie auf das kleine Dreieck (9) auf der linken Seite der Zeile und wählen Sie die Option ◢ *Fase* (10).

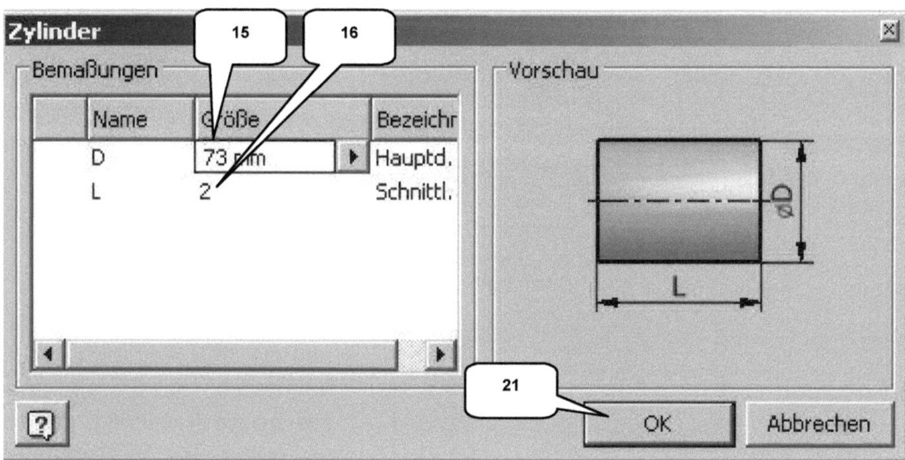

Aktivieren Sie die Option **Abstand** (11) und tragen Sie den Wert **0,5 mm** (12) ein. Erzeugen Sie auch an der rechten Seite des Wellenabschnitts eine ◢ **Fase** (13) mit denselben Einstellungen. Nachdem Anfang und Ende des Wellenabschnitts jeweils mit einer Fase versehen wurden, sind Durchmesser und Länge des Abschnitts zu definieren. Öffnen Sie die ⬚ **Eigenschaften** (14) und tragen Sie den Durchmesser **D= 73 mm** (15) und die die Länge **L= 2 mm** (16) ein. ⬚ OK **OK** (17) bestätigt die Eingaben.

Zurück im Hauptbefehl dann die Option ▭ **Zylinder einfügen** (18) wählen, um einen weiteren Wellenabschnitt zu erzeugen. Die zweite Fase des ersten Wellenabschnitts (19) sollte jetzt rot dargestellt werden (19), da das Programm die Fase (identischer Durchmesser beider Abschnitte) nicht berechnen kann. Ignorieren Sie dieses Problem vorerst.

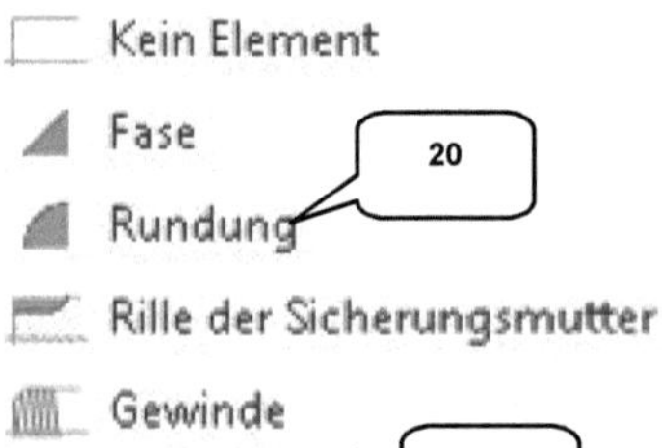

Kein Element

Fase

Rundung (20)

Rille der Sicherungsmutter

Gewinde

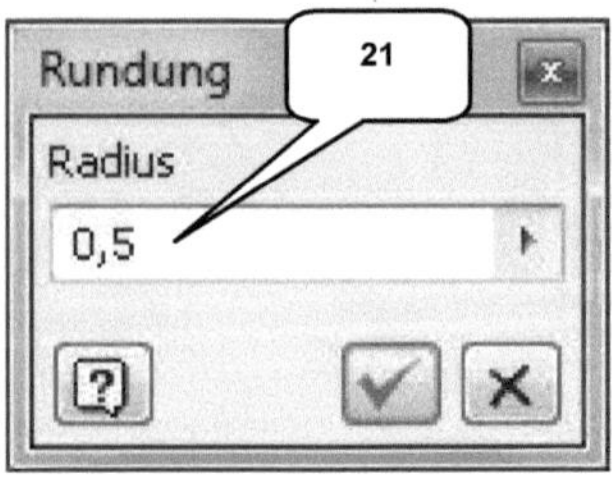

Rundung (21)

Radius

0,5

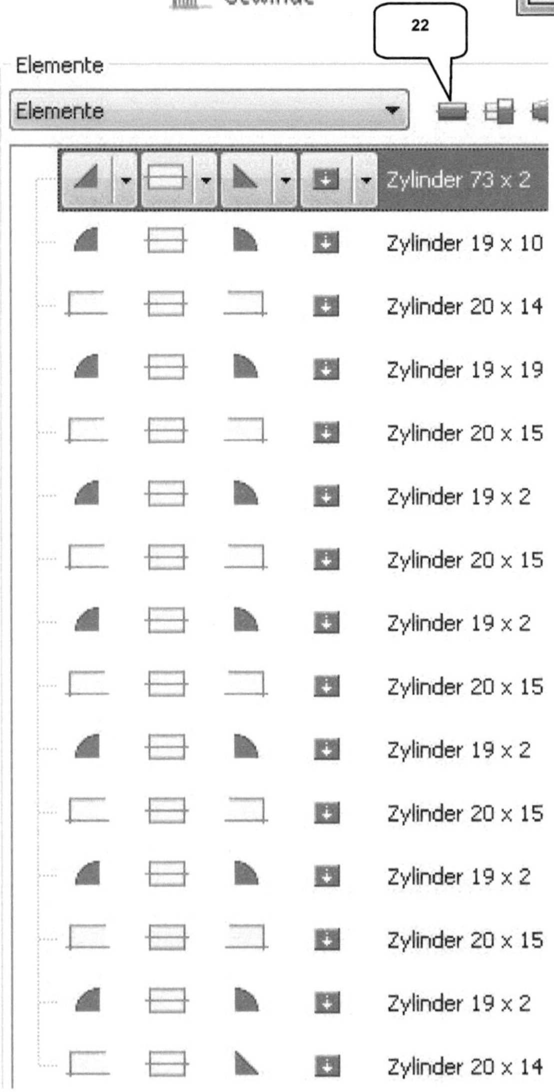

Elemente

Elemente (22)

				Zylinder 73 x 2
				Zylinder 19 x 10
				Zylinder 20 x 14
				Zylinder 19 x 19
				Zylinder 20 x 15
				Zylinder 19 x 2
				Zylinder 20 x 15
				Zylinder 19 x 2
				Zylinder 20 x 15
				Zylinder 19 x 2
				Zylinder 20 x 15
				Zylinder 19 x 2
				Zylinder 20 x 15
				Zylinder 19 x 2
				Zylinder 20 x 14

Ändern Sie in der zweiten Zeile den Durchmesser auf **D= 19 mm** und die die Länge auf **L= 10 mm**. Bearbeiten Sie die Wellenenden des neuen Abschnitts. Beide Seiten sollen eine **Rundung** (20) mit einem Radius von **0,5 mm** (21) erhalten.

Erzeugen Sie weitere **13 Wellenabschnitte** (22), bis insgesamt 15 Zeilen im Fenster **Elemente** vorhanden sind. Die jeweiligen Durchmesser und Längen sind der nebenstehenden Abbildung zu entnehmen. Einige Abschnitte sind mit **Rundungen** zu versehen, wobei ein jeweiliger Radius von **0,5 mm** zu verwenden ist. Der letzte Abschnitt erhält an dessen Ende eine **Fase** (Option **Abstand**, Wert **0,5 mm**). Sobald Ihre Einstellungen mit denen der nebenstehenden Abbildung übereinstimmen, kann der Befehl mit OK **OK** beendet werden.

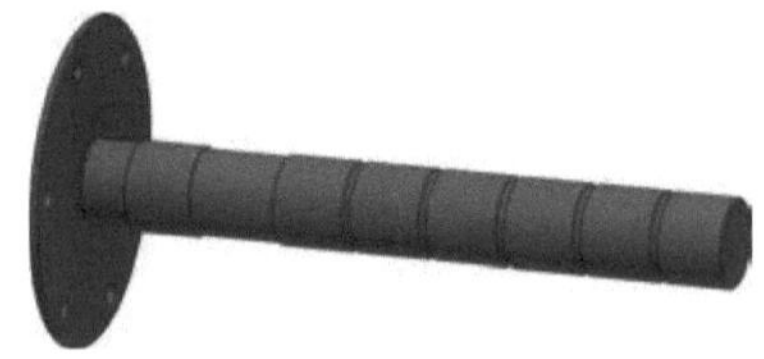

7.4.4 Befestigungsflansch der Antriebswelle mit Bohrungen versehen

Um die Antriebswelle mit der Lamellenkupplung verbinden zu können, müssen im Befestigungsflansch der Welle (erster Wellenabschnitt, 73 x 2 mm) Bohrungen erzeugt werden. Markieren Sie Kupplung (1) und Antriebswelle (2) und isolieren Sie die beiden Bauteile (*rechte Maustaste* > *Isolieren*). Um die Sicht auf die Gewindebohrungen der Kupplung freizugeben, sollte der Antriebswelle vorübergehend das Material *Glas* zugewiesen werden. Doppelklicken Sie auf die Antriebswelle (2) um in ihren Baugruppenbereich zu gelangen. Doppelklicken Sie erneut darauf um in den Modellbereich zu gelangen.

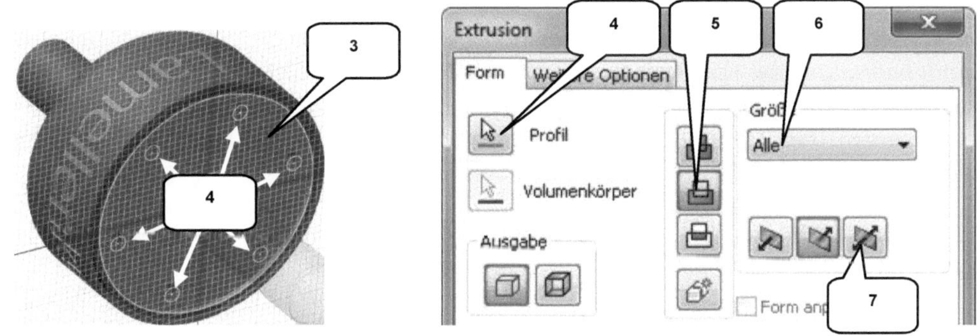

Im Bauteil *Welle.ipt* angelangt, ist auf der markierten Fläche (3) eine neue 2D-Skizze zu erzeugen. Projizieren Sie die sechs Bohrungen der Kupplung (4) in den Skizzenbereich und beenden Sie die Skizze danach.

Zurück im Modellbereich ist der Befehl Extrusion zu starten und die sechs projizierten Kreise (4) sind zu extrudieren. Verwenden Sie das Verfahren *Differenz* (5), die Größe *Alle* (6) und die Richtung *Symmetrisch* (7). Bauteil- und Baugruppenbereich der Welle können anschließend verlassen werden (2x auf Zurück klicken). Zurück im Baugruppenbereich der Hauptbaugruppe, ist der Antriebswelle abschließend die Farbe *Chrom-poliert-blau* zuzuweisen.

7.4.5   Schrauben aus dem Inhaltscenter importieren

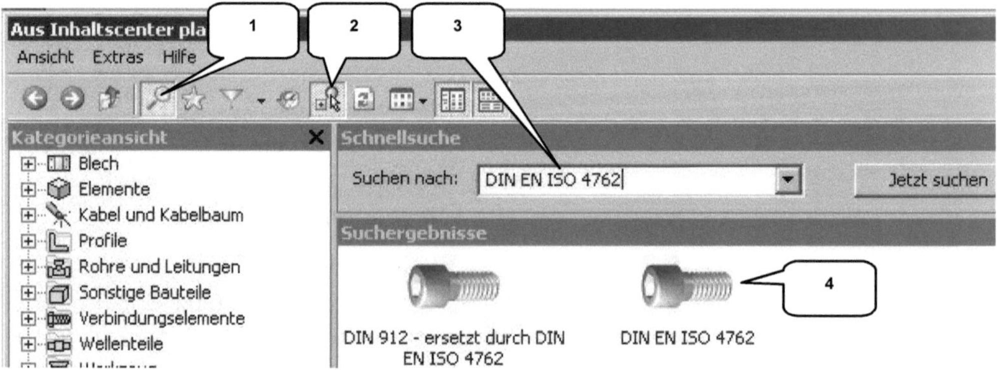

In der folgenden Übung sollen Schrauben aus dem Inhaltscenter in die Baugruppe eingefügt werden. Starten Sie den Befehl **Aus Inhaltscenter platzieren** (Register **Zusammenfügen**). Aktivieren Sie die Optionen **Suche** (1) und **AutoDrop** (2). Tragen Sie den Suchbegriff **DIN EN ISO 4762** (3) ein und doppelklicken Sie die markierte Schraube (4).

Als konzentrische **Referenz** zur **Dimensionierung** der Schraube muss jetzt eine der **Gewindebohrungen** der Kupplung (5) gewählt werden. Als Startfläche ist die Seitenfläche der Kupplung (6) zu wählen. Aktivieren Sie die Option **Mehrere einfügen** (7) und doppelklicken Sie den **Doppelpfeil** (8) am Ende der Schraube. Im neu geöffneten Auswahlfenster kann die Schraubenlänge 10 mm (9) gewählt werden.

Bestätigen (10) Sie den Befehl anschließend und das Programm generiert die Schrauben.

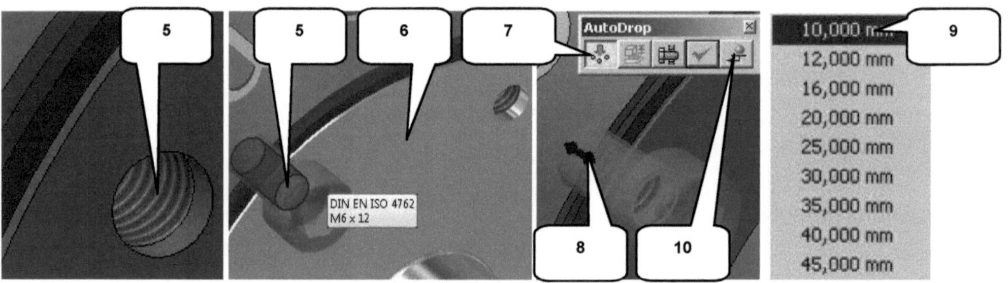

7.4.6 Abschließende Arbeiten an der Antriebswelle

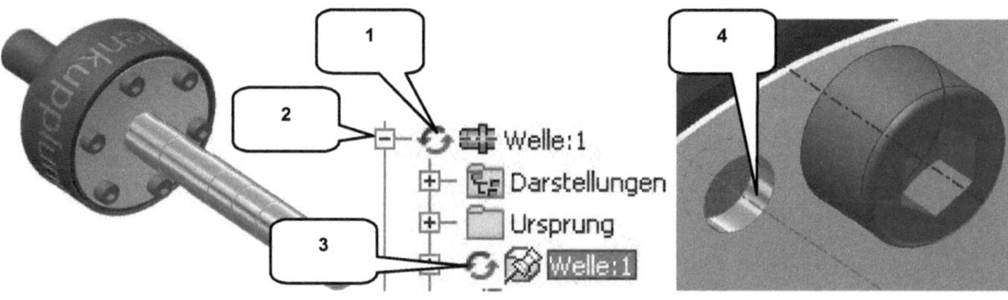

Die zuletzt in die Antriebswelle eingefügten Bohrungen sind abhängig von den Gewindebohrungen der Kupplung, weswegen die Welle im Modellbaum als *adaptiv* (1) gekennzeichnet wird. Um später einen reibungslosen Bewegungsablauf des gesamten Getriebes gewährleisten zu können, muss diese Adaptivität deaktiviert und beide Komponenten (Kupplung, Antriebswelle) mit einer neuen Abhängigkeit aneinander gebunden werden. Klappen Sie im Modellbaum die Baugruppe *Welle.iam* (2) auf und deaktivieren Sie beim Bauteil *Welle.ipt* (3) die *Adaptivität* (*rechte Maustaste > Adaptiv*). Die Kupplung muss jetzt etwas verdreht werden, bis Schrauben und Bohrungen der Welle nicht mehr auf derselben Position sitzen (4). Schrauben und Welle sind im Anschluss manuell mit einer *Abhängigkeit* zwischen einer der Bohrungen der Welle (4) und der Symmetrieachse der Zylinderfläche einer der Schrauben der Kupplung zu verbinden.

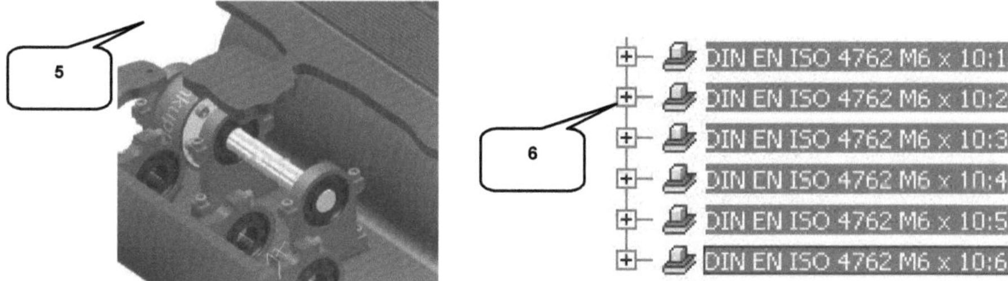

Klicken Sie mit der *rechten Maustaste* auf einen beliebigen Punkt im Hintergrund des Zeichenbereiches (5) und wählen Sie Option *Isolieren rückgängig*, um alle anderen Komponenten wieder einzublenden. Markieren Sie anschließend die sechs neuen Schrauben im Modellbaum (6) und erzeugen Sie daraus den neuen Ordner *Schrauben*.

HINWEIS: Sollte die Option *Isolieren rückgängig* nicht verfügbar sein, wurde eventuell zwischenzeitlich gespeichert. Dann müssen die ausgeblendeten Komponenten manuell wieder sichtbar gemacht werden. Hierfür sind alle im Modellbaum grau dargestellten Objekte zu markieren und mit der Option *Sichtbarkeit* der *rechten Maustaste* wieder einzublenden (Nicht das Bauteil *Motorradrahmen.ipt* einblenden!).

7.4.7 Importieren der Halterungen für die Rücklaufwelle

Importieren Sie das Bauteil *Rücklaufwelle-Halter.ipt* und legen Sie es zweimal in der Baugruppe ab. Positionieren Sie die Bauteile, wie in den oberen Abbildungen dargestellt, bündig an den beiden dafür vorgesehenen Absätzen im Getrieberaum des Motorgehäuses (1, 2).

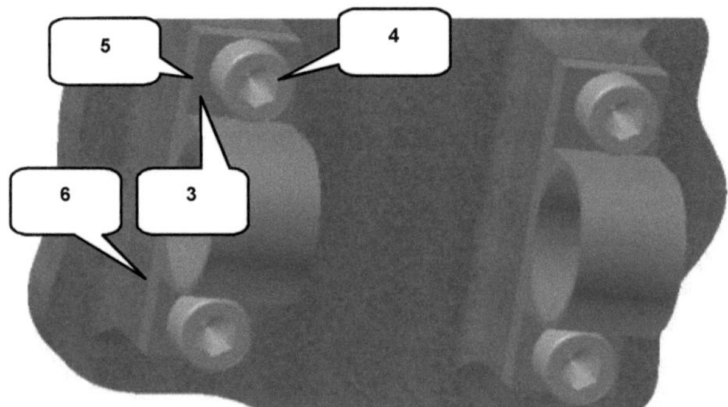

Starten Sie den ⇨ Schraubenverbindungs-Generator, um die beiden Halter mit dem Motorgehäuse zu verschrauben. Wählen Sie die Option ⚙ *Nicht durchgehend*, den Platzierungstyp Linear *Linear*, die markierte *Startebene* (3), als ⚲ *Referenzen* die beiden *linearen Kanten* (4, 5) mit den Abständen *5 mm* und *7 mm*, sowie die markierte *Sackloch-Startebene* (6). Verwenden Sie den Gewindetyp *ISO Metrisches Profil* und den Durchmesser *6 mm*. Klicken Sie danach auf die Schaltfläche *Zum Hinzufügen einer Schraube hier klicken*, um die *Zylinderkopfschraube DIN EN ISO 4762* zu ergänzen.

Fügen Sie insgesamt vier Schraubenverbindungen ein. *Speichern* Sie die Baugruppe anschließend. Achten Sie darauf, die neuen Komponenten ebenfalls zu sichern (*Ja, für alle*).

Nachdem die Halterungen der Rücklaufwelle eingefügt und befestigt wurden, kann die Rücklaufwelle konstruiert werden.

7.4.8   Konstruktion der Rücklaufwelle

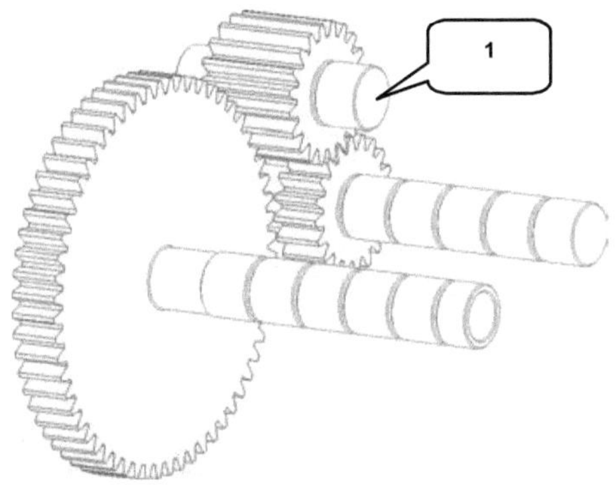

Die **Rücklaufwelle** (1) ist sehr kurz und trägt nur ein einziges Zahnrad: das Rücklaufrad. Der Kraftfluss wird von der Antriebswelle über die Zahnräder auf die Rücklaufwelle übertragen und von dieser auf die Abtriebswelle weitergeleitet. Durch diesen Übergang entsteht eine Umkehr der Drehrichtung. Die Rücklaufwelle soll konstruiert, dann frei im Raum abgelegt und später manuell positioniert werden.

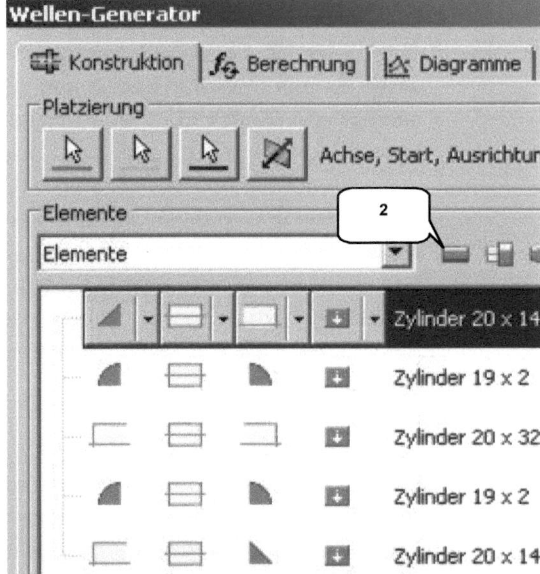

Starten Sie den ⊞ **Wellen-Generator** und ✖ **löschen** Sie alle vorhandenen Abschnitte bis auf den ersten. Erzeugen Sie danach vier neue ▬ **Zylinder** (2) und übernehmen Sie alle Durchmesser und Längen aus der nebenstehenden Abbildung. Alle ◢ **Rundungen** sind mit einem Radius von **0,5 mm** und alle ◢ **Fasen** mit der Option **Abstand** und einem Wert **0,5 mm** zu gestalten. Beenden Sie den Befehl mit ⎓OK⎓ **OK** und legen Sie die Welle frei im Zeichenbereich ab.

Erzeugen Sie eine axiale ⌐ **Abhängigkeit** zwischen Welle (3) und Halter (4) sowie eine fluchtende ⌐ **Abhängigkeit** zwischen den beiden markierten Flächen (5, 6), um die Welle zu positionieren. Weisen Sie der Rücklaufwelle abschließend die Farbe **Chrom-poliert-blau** zu und **speichern** Sie die Baugruppe.

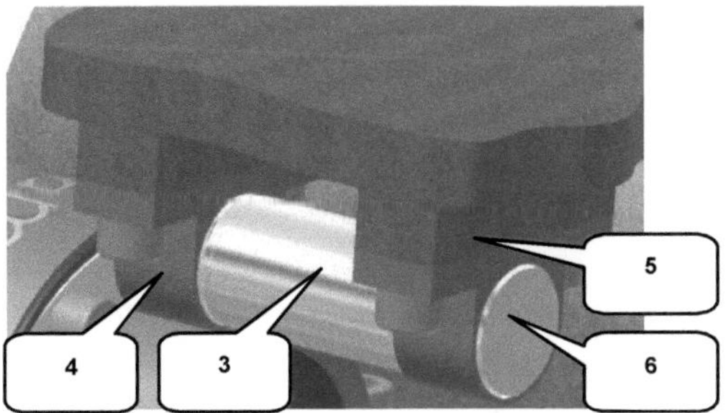

7.4.9 Konstruktion der Abtriebswelle

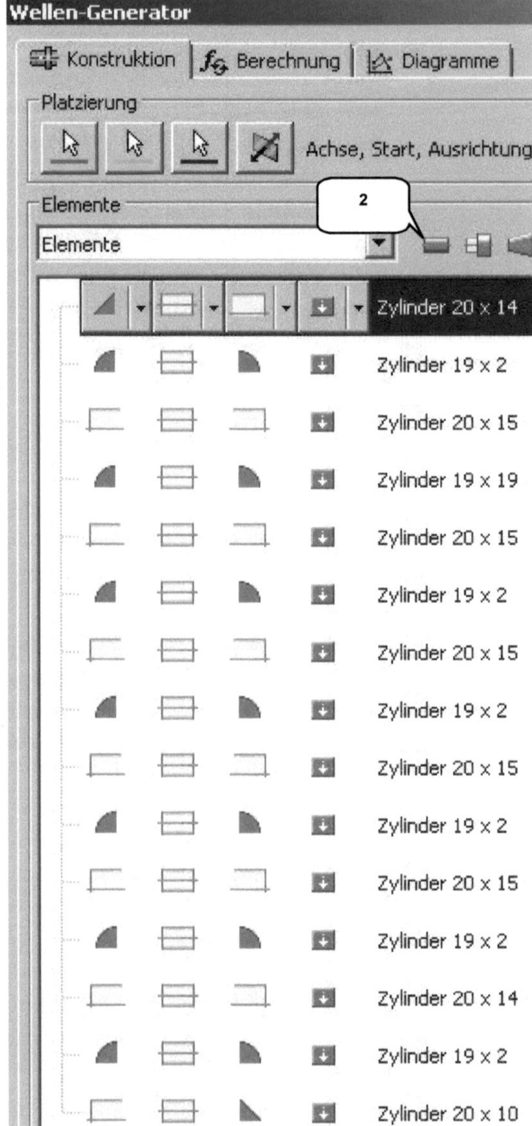

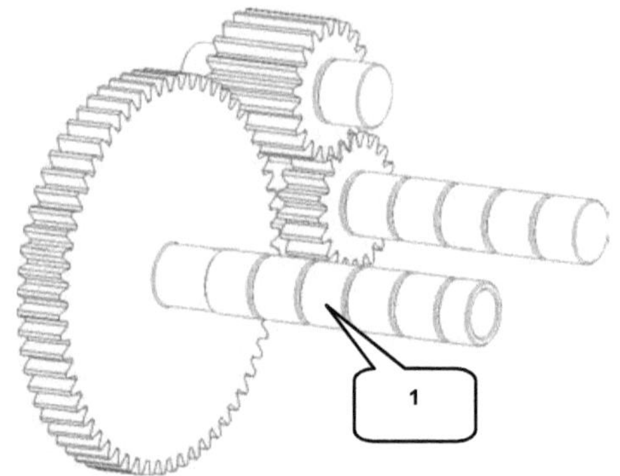

Die **Abtriebswelle** (1) trägt fünf Zahnräder (vier für die Vorwärtsgänge und einen für den Rückwärtsgang) und zusätzlich ein Kegelrad. Der Kraftfluss kann von der Antriebs- oder der Rücklaufwelle auf die Abtriebswelle übertragen werden und wird von dieser auf ein Kegelradgetriebe geleitet. Um die Schaltbarkeit der einzelnen Gänge gewährleisten zu können, muss die Abtriebswelle als Hohlwelle ausgeführt werden.

Starten Sie den **Wellen-Generator** und **löschen** Sie alle vorhandenen Abschnitte bis auf den ersten. Erzeugen Sie danach 14 weitere **Zylinder** (2) und übernehmen Sie alle Durchmesser und Längen aus der nebenstehenden Abbildung. Alle **Rundungen** sind mit einem Radius von **0,5 mm** und alle **Fasen** mit der Option **Abstand** und einem Wert **0,5 mm** zu gestalten. Wechseln Sie im Feld **Elemente** zur Option **Hohlräume Links** (3), um eine Durchgangsbohrung zu erzeugen.

Wählen Sie die Option ▓ **Inneren Zylinder einfügen** (4) und erzeugen Sie ein Bohrungs-element mit einem Durchmesser **D= 15 mm** und einer Länge **L= 144 mm**. Fügen Sie die-sem Element zwei ◢ **Fasen** (Option **Abstand**, Wert **0,5 mm**) hinzu und bestätigen Sie den Befehl mit [OK] **OK**. Die Welle kann jetzt frei im Zeichenbereich abgelegt werden.

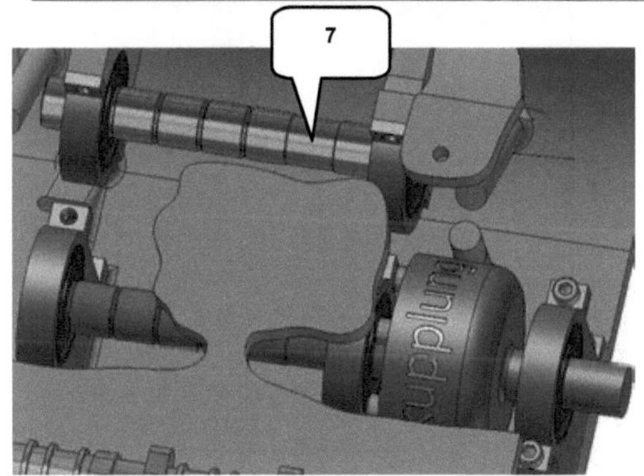

Platzieren Sie die Welle (5) mit einer axialen ▓ **Abhängigkeit** im markierten Lager (6). Achten Sie dabei auf die korrekte Position des Wellenabschnitts **19 × 19 mm** (7). Set-zen Sie eine fluchtende ▓ **Abhängigkeit** zwischen der Stirnseite der Welle (8) und der Seitenfläche des Lagers (9).

Weisen Sie der Abtriebswelle anschließend die Farbe **Chrom-poliert-blau** zu und **spei-chern** Sie die Hauptbaugruppe.

7.5 Konstruktion der Zahnradpaare

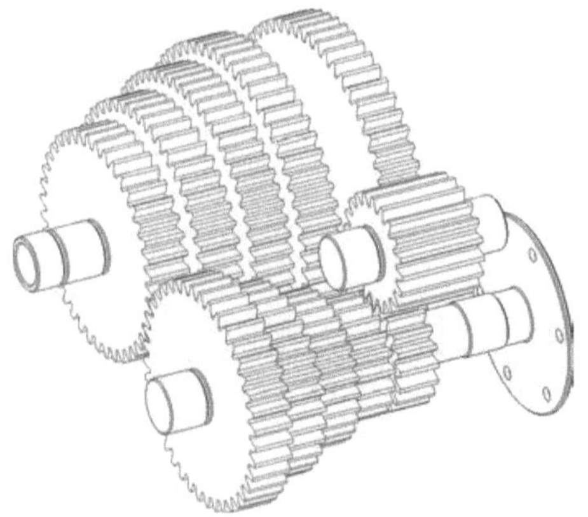

Bei einem *Ziehkeilgetriebe* sind die Zahnradpaare ständig im Eingriff und werden nicht voneinander getrennt. Die Zahnräder auf der Antriebswelle sind fest mit dieser verbunden. Die Zahnräder der Abtriebswelle können darauf frei gedreht werden. Wenn der Ziehkeil (in der Hohlwelle) sich unter eines der Zahnräder schiebt, aktiviert er eine Sperre und verbindet Zahnrad und Abtriebswelle miteinander. Der Kraftfluss wird dann über dieses Zahnradpaar auf die Abtriebswelle übertragen.

7.5.1 Befehlsgrundlagen STIRNRÄDER-GENERATOR

Der Stirnräder-Generator (1) ermöglicht die Konstruktion von Stirnradpaaren. Hierbei können alle Randbedingungen frei definiert und die Zahnräder zusätzlich in der Baugruppe positioniert werden.

7.5.1.1 Register KONSTRUKTION

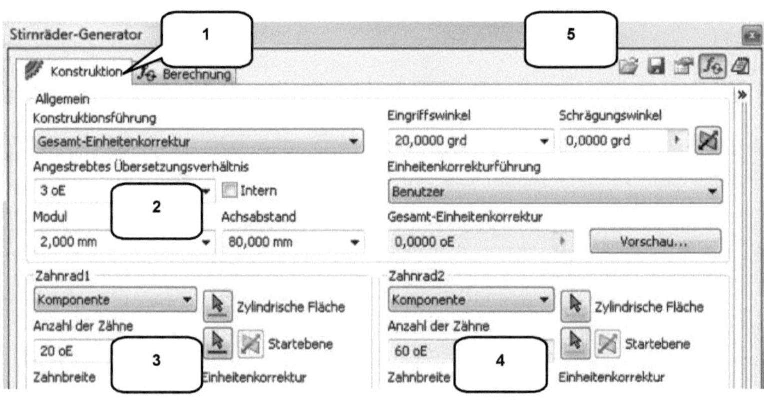

INHALT

Im Register *Konstruktion* werden Berechnungstyp, Übersetzungsverhältnis, Achsabstand, Eingriffswinkel und geometrische Abmessungen der Stirnräder festgelegt.

OPTIONEN

1) Register: Konstruktion/ Berechnung	3) Geometrie 1. Stirnrad
2) Berechnungstyp, Übersetzungsverhältnis, Modul, Achsabstand, Eingriffswinkel, Schrägungswinkel	4) Geometrie 2. Stirnrad
	5) Berechnungswerte importieren/ exportieren, Berechnungseinstellungen

7.5.1.2   Register BERECHNUNG

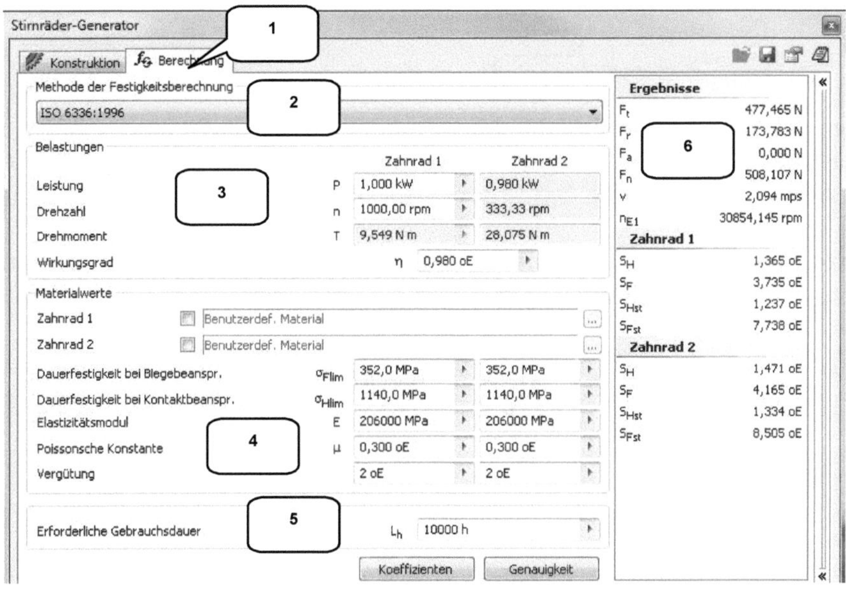

INHALT

Der Register **Berechnung** ermöglicht eine Auswahl der Methode der Festigkeitsberechnung sowie die Definition von Material, Gebrauchsdauer und Belastung.

OPTIONEN

1) Register: Konstruktion/ Berechnung	4) Materialauswahl
2) Methode der Festigkeitsberechnung	5) Gebrauchsdauer
3) Belastungen	6) Berechnungsergebnisse

7.5.2 Konstruktion des Zahnradpaares für den ersten Gang

In der folgenden Übung sollen die einzelnen Zahnradpaare konstruiert werden. Zur besseren Darstellung, markieren Sie die drei Wellen im Modellbaum (1) und isolieren diese (*rechte Maustaste* > **Isolieren**).

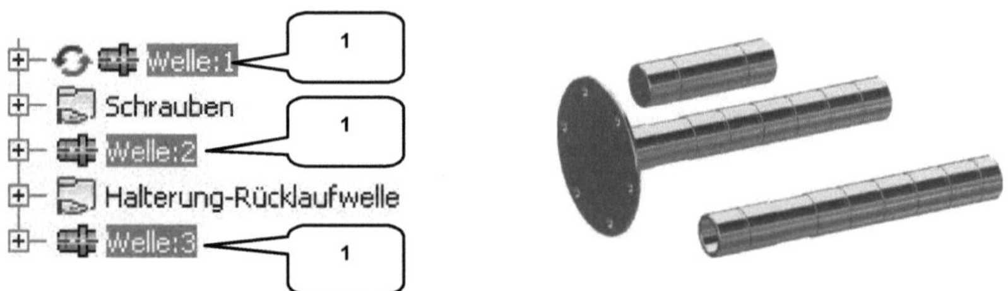

Die Zahnradpaarung des ersten Ganges soll ein Übersetzungsverhältnis von *3:1* erhalten. Das bedeutet, dass sich die Drehzahl der Kurbelwelle nur zu einem Drittel von der Antriebs- auf die Abtriebswelle überträgt. Das Drehmoment hingegen, verdreifacht sich.

Die Anzahl der Zähne für das treibende Rad (Zahnrad 1) soll *20*, für das getriebene Rad (Zahnrad 2) *60* betragen. Beide Stirnräder sind mit einer Breite von *15 mm* zu konstruieren.

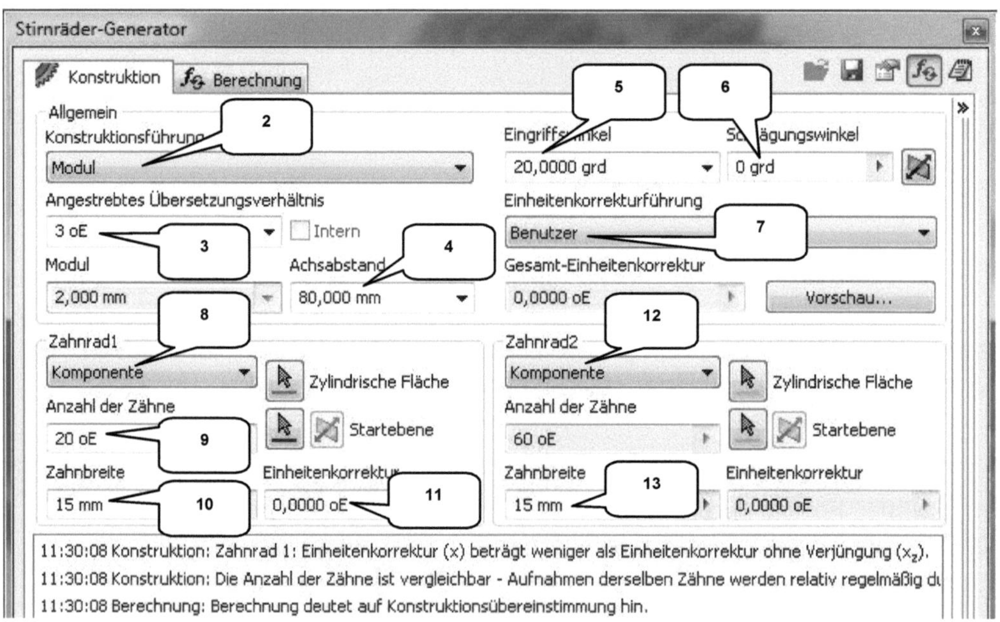

Übernehmen Sie die Einstellungen in folgender Reihenfolge:

- ➢ *Konstruktionsführung*: Modul (2)
- ➢ *Übersetzungsverhältnis*: 3:1 (3)
- ➢ *Achsabstand*: 80 mm (4)
- ➢ *Eingriffswinkel*: 20° (5)
- ➢ *Schrägungswinkel*: 0° (6)
- ➢ *Einheitenkorrektur*: Benutzer (7)
- ➢ *Zahnrad 1-Option*: Komponente (8)

- ➢ *Zahnrad 1-Anzahl der Zähne*: 20 (9)
- ➢ *Zahnrad 1-Zahnbreite*: 15 mm (10)
- ➢ *Zahnrad 1-Einheitenkorrektur*: 0 (11)
- ➢ *Zahnrad 2-Option: Komponent*e (12)
- ➢ *Zahnrad 2-Zahnbreite*: 15 mm (13)
- ➢ [Berechnen] *Berechnen*

HINWEIS: Sollte das Eingabefeld *Angestrebtes Übersetzungsverhältnis* (3) nach Aktivierung der Konstruktionsführung *Modul* (2) grau hinterlegt sein, wechseln Sie kurz zur Option Konstruktionsführung *Modul und Anzahl der Zähne* und dann wieder zurück zu *Modul*.

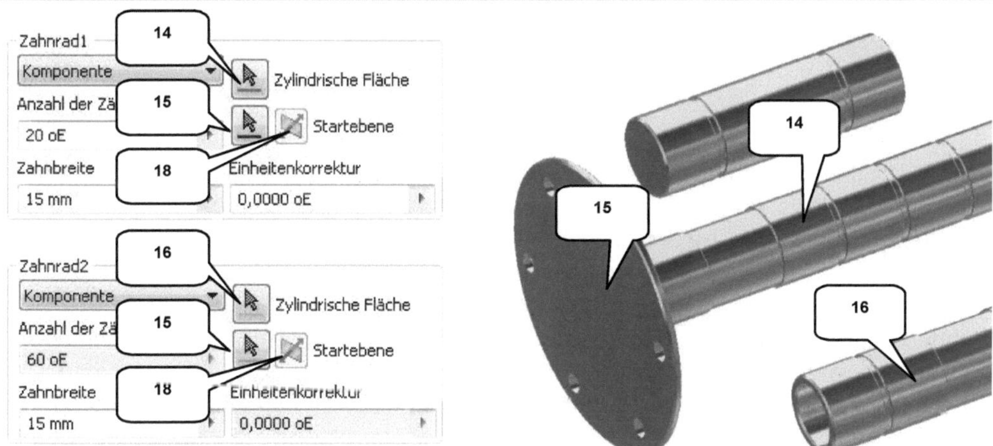

Nachdem die Werte berechnet wurden, können die ⬚ *Referenzen* zur Positionierung der Zahnräder definiert werden. Verwenden Sie die oben markierten zylindrischen Flächen (14, 16) und Startebenen (15).

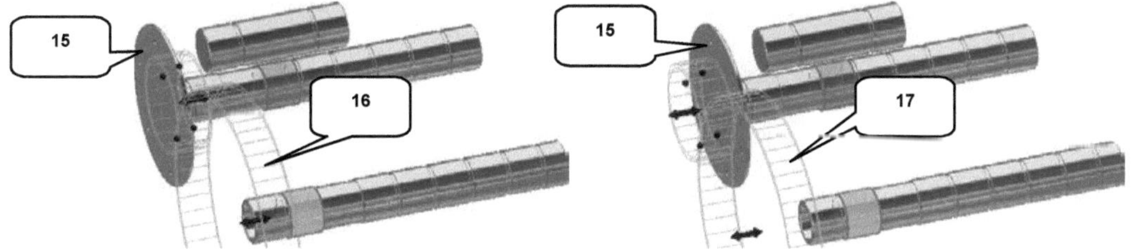

HINWEIS: Achten Sie darauf, dass das Zahnradpaar, rechts neben der Startfläche (15) angeordnet wird (16). Sollte dies nicht der Fall sein (17), muss die Option ⊠ *Seite umkehren* (18) zur Korrektur verwendet werden (separat für jedes Zahnrad).

Der Befehl kann jetzt mit `OK` *OK* bestätigt werden und das Zahnradpaar wird berechnet. Die neu generierte Baugruppe *Stirnräder.iam* (19) sollte im Modellbaum automatisch als ⊞ *flexibel* (20) gekennzeichnet worden sein werden. Sollte dies nicht der Fall sein, muss es manuell nachgeholt werden (*rechte Maustaste > Flexibel*).

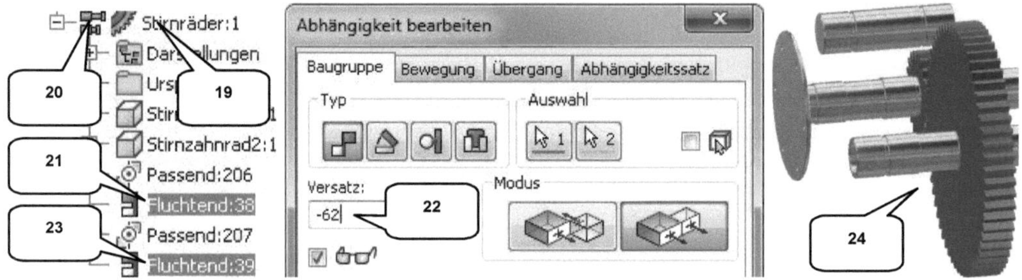

Überprüfen Sie die Flexibilität des Zahnradpaares, indem eines der Zahnräder bei gedrückter linker Maustaste gedreht wird. Beide Zahnräder sollten sich jetzt drehen. Die Achsen wurden den Zahnrädern bereits zugeordnet, die genaue Position des Zahnradpaares auf den Wellen muss allerdings noch festgelegt werden.

Klappen Sie die Baugruppe *Stirnräder.iam* (19) im Modellbaum auf. Bereits während der Konstruktion wurden die Zahnräder auf den Wellen positioniert. Jetzt sind die Abstände zu den Seitenflächen zu definieren. Bearbeiten Sie die erste Abhängigkeit ⊟ *Fluchtend* (21) (*rechte Maustaste > Bearbeiten*) und ändern Sie den Versatzwert auf *-62 mm* (22).

Das Zahnrad sollte jetzt in Richtung Achsmitte (24) versetzt worden sein. Ändern Sie anschließend den Versatzwert des zweiten Zahnrades (23) auf ebenfalls *-62 mm* (22).

HINWEIS: Sollten die Zahnräder fälschlicherweise außerhalb der Wellen positioniert worden sein, müssen die Vorzeichen der Versatzwerte auf positiv geändert werden (+62 mm).

7.5.3 Konstruktion der Zahnradpaare der restlichen Vorwärtsgänge

Für die folgenden drei Zahnradpaare der Vorwärtsgänge zwei, drei und vier, ist die Vorgehensweise identisch. Wiederholen Sie die vorherige Befehlskette und übernehmen Sie die Werte und Einstellungen aus den folgenden Abbildungen.

Die Zahnradpaarung des zweiten Ganges (1) erfordert ein Übersetzungsverhältnis von *2:1* (2), bei *30* Zähnen (3) für Zahnrad 1. Die Reihenfolge der Werteeingabe sollte parallel zu der des ersten Zahnradpaares erfolgen.

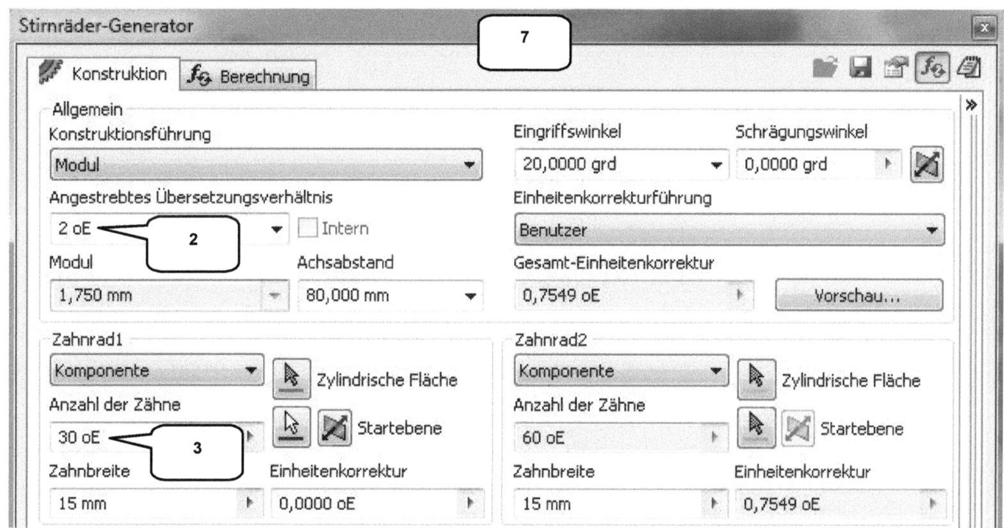

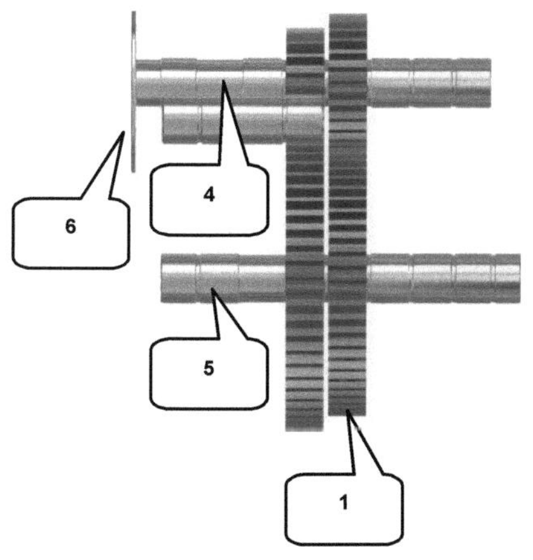

Als *Referenzen* für die *zylindrischen Flächen* (4), (5) und die *Startebene* (6), können dieselben geometrischen Elemente wie beim ersten Zahnradpaar verwendet werden. Alle Werte und Einstellungen sind der oberen Abbildung (7) zu entnehmen.

Nachdem das Zahnradpaar berechnet wurde, müssen auch hier die Versatzwerte der beiden fluchtenden Abhängigkeiten geändert werden. Der neue Versatz soll *-79 mm* betragen. Kontrollieren Sie Beweglichkeit und Position des Zahnradpaares.

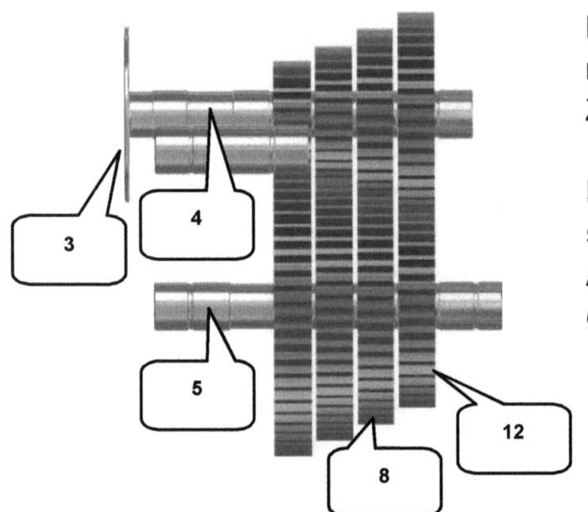

Die Zahnradpaarung des dritten Ganges (8) soll mit einem Übersetzungsverhältnis von *1,5:1* (9) und das Zahnrad 1 mit *33* Zähnen (10) versehen werden.

Der neue Versatzwert der Zahnräder von der Ursprungsposition (3) soll auf *-96 mm* geändert werden. Alle restlichen Werte und Einstellungen sind der folgenden Abbildung (11) zu entnehmen.

Das Übersetzungsverhältnis der Zahnradpaarung des vierten Ganges (12) beträgt *1:1* (13). Dieser Gang wird auch als Direktgang bezeichnet, da hier die Drehzahlen von Antriebs- und Abtriebswelle identisch sind.

Die Anzahl der Zähne von Zahnrad 1 beträgt *40* (14). Alle sonstigen Werte und Einstellungen sind Abbildung (15) zu entnehmen. Der Versatz der Zahnräder zur Startebene (3) ist auf *-113 mm* zu korrigieren.

7.5.4 Importieren der Zahnräder für den Rückwärtsgang

Der Rückwärtsgang stellt in seiner Konstruktion eine Besonderheit dar. Da die Drehrichtung der Abtriebswelle geändert werden soll, muss der Kraftfluss über eine zusätzliche Welle (Rücklaufwelle) geführt werden. Da der Stirnräder-Generator keine Möglichkeit bietet, mehr als zwei Stirnräder zeitgleich zu konstruieren, sollen hierfür Vorlagen aus dem Projektordner verwendet werden.

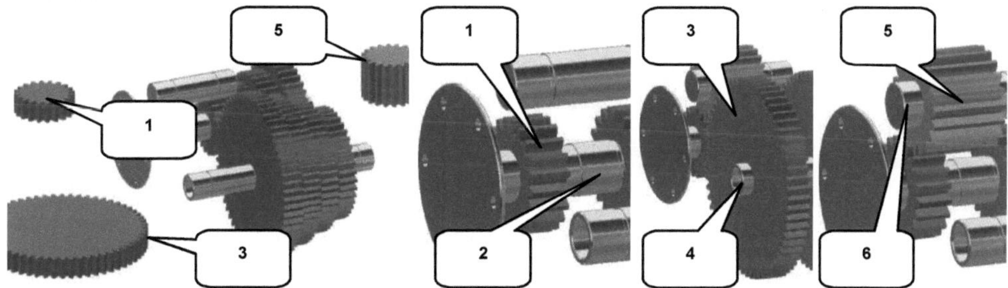

Platzieren Sie die Bauteile ***Rückwärtsgang-Stirnzahnrad1.ipt***, ***Rückwärtsgang-Stirnzahnrad2.ipt*** und ***Rückwärtsgang-Stirnzahnrad3.ipt*** aus dem Projektordner und legen Sie diese jeweils einmal in der Baugruppe frei ab. Setzen Sie anschließend drei axiale **Abhängigkeiten**: Das Zahnrad (1) ist auf der Antriebswelle (2), das Zahnrad (3) ist auf der Abtriebswelle (4) und das Zahnrad (5) ist auf der Rücklaufwelle (6) axial zu positionieren.

Alle drei Zahnräder sind im Anschluss mit einer fluchtenden **Abhängigkeit**, zu der markierten Seitenfläche (7) der Antriebswelle zu versehen.

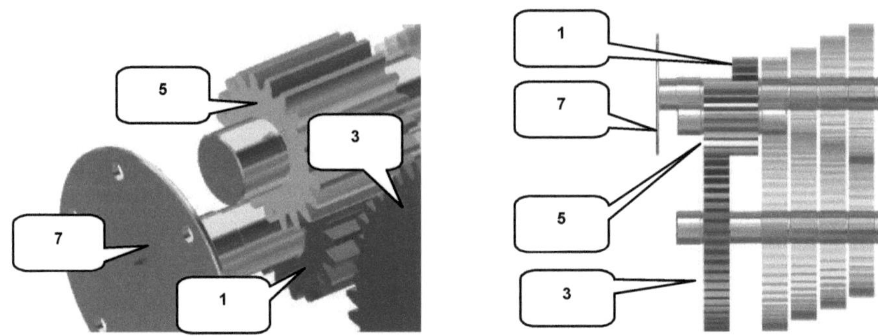

Das Zahnrad auf der Antriebswelle (1) soll einen Versatz von *-45 mm* zur Seitenfläche (7) erhalten, die beiden Zahnräder (3, 5) sind jeweils mit einem Versatz von *-28 mm* zu versehen. **Speichern** Sie die Hauptbaugruppe anschließend.

7.5.5 Wellen und Zahnräder mit Bewegungsabhängigkeiten versehen

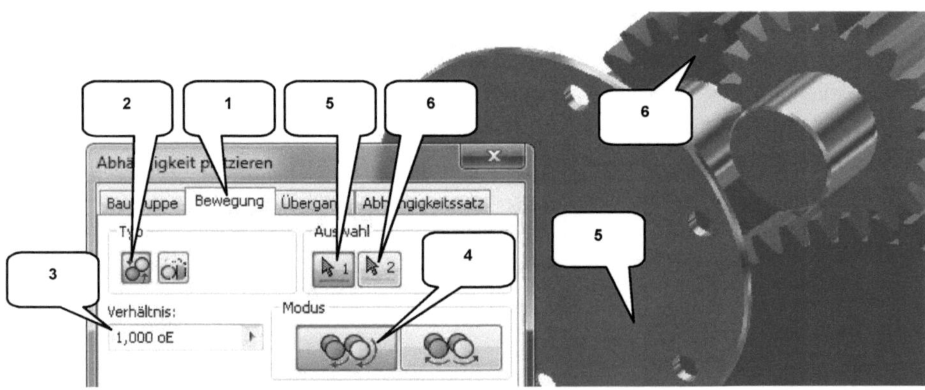

Nachdem alle Stirnräder in die Baugruppe eingefügt wurden, sollen Bewegungsabhängigkeiten ihre Drehbewegungen synchronisieren. Zuerst sind alle Zahnräder der Antriebswelle mit dieser fest zu verbinden. Dies soll durch Bewegungsabhängigkeiten zwischen den Zahnrädern und der zugeordneten Welle realisiert werden.

Starten Sie den Befehl **Abhängig machen** und wechseln Sie ins Register **Bewegung** (1). Aktivieren Sie den Typ **Drehung** (2), ein Verhältnis von *1:1* (3) und den Modus **Vorwärts** (4). Als **Auswahl 1** soll die markierte Fläche der Antriebswelle (5) verwendet werden, als **Auswahl 2** die Stirnfläche des markierten Zahnrades (6). Bestätigen Sie den Befehl mit Anwenden **Anwenden** und wiederholen Sie die Befehlskette bei den restlichen vier Zahnrädern (7...10) der Antriebswelle.

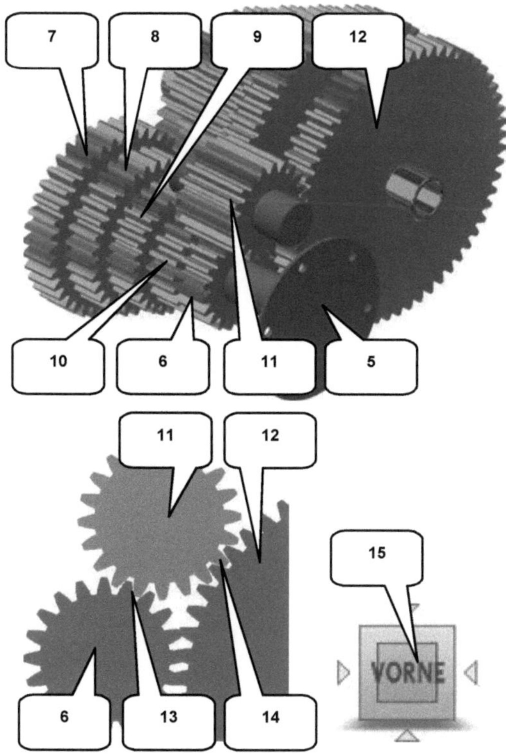

Drehen Sie die Welle (5) anschließend bei gedrückter linker Maustaste. Die Zahnräder darauf sollten sich analog dazu bewegen. Jetzt sind die drei Zahnräder des Rückwärtsgangs voneinander abhängig zu machen. Zur besseren Ansicht sind sie vorab zu isolieren. Markieren Sie die drei Zahnräder des Rückwärtsgangs (6, 11, 12) und isolieren Sie sie (*rechte Maustaste* > *Isolieren*).

Wechseln Sie am *ViewCube* zur Ansicht *VORNE* (15). Zoomen Sie die Schnittstelle der beiden kleinen Zahnräder (13) heran und drehen Sie die Zahnräder, bis die Zähne kollisionsfrei ineinandergreifen. Drehen Sie anschließend das große Zahnrad (12), bis dessen Zähne kollisionsfrei mit denen des Zahnrades (11) auf der Rücklaufwelle ineinandergreifen (14).

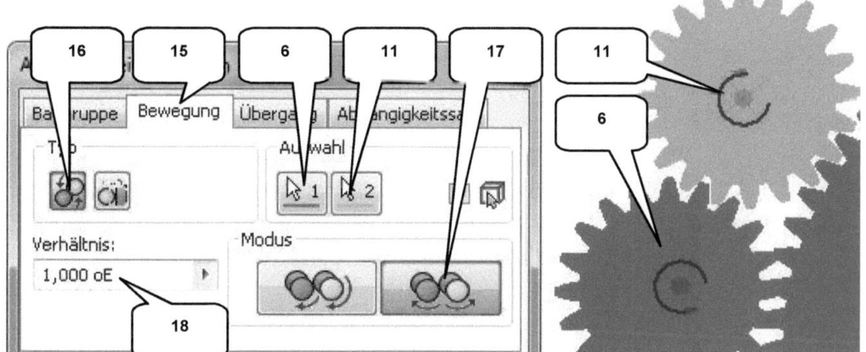

Starten Sie den Befehl ⬚**Abhängig machen** (Register *Bewegung* (15)) und verbinden Sie die beiden Zahnräder (6) und (11) miteinander. Verwenden Sie den Typ 🔧 *Drehung* (16), den Modus ⚙ *Rückwärts* (17) und ein Übersetzungsverhältnis von *1:1* (18). Bestätigen Sie die Eingaben durch ⬚Anwenden *Anwenden*.

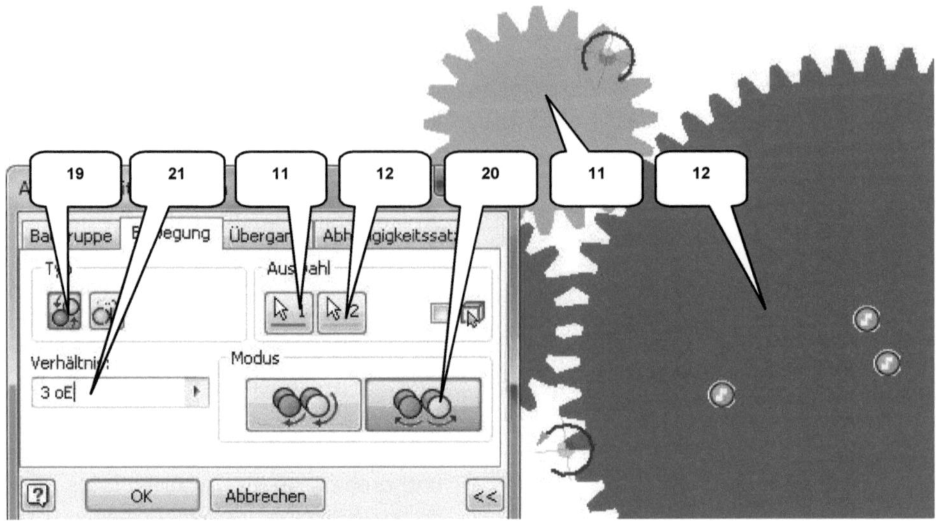

Setzen Sie eine weitere Bewegungsabhängigkeit zwischen den beiden Zahnrädern (11) und (12). Verwenden Sie den Typ **Drehung** (19), den Modus **Rückwärts** (20) und ein Übersetzungsverhältnis von **3:1** (21). Bestätigen Sie die Eingaben durch OK **OK**.

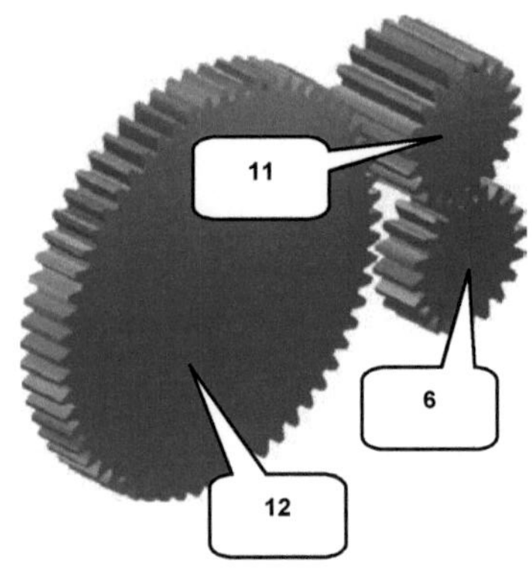

Drehen Sie eines der Zahnräder, um die Bewegungsabhängigkeiten zu testen. Das Zahnradpaar (6) und (11) sowie das Zahnradpaar (11) und (12) sollten ineinandergreifen und sich gegenläufig drehen. Alle ausgeblendeten Komponenten der Hauptbaugruppe können jetzt wieder eingeblendet werden. Markieren Sie im Modellbaum alle grau hinterlegten Komponenten (nicht das Bauteil **Motorradrahmen.ipt**) und wählen Sie die Option **Sichtbarkeit** der **rechten Maustaste**, um diese Komponenten wieder einzublenden. Markieren Sie im Modellbaum alle Stirnräder und weisen Sie ihnen die Farbe **Chrom-poliert-schwarz** zu.

Nachdem die Antriebswelle mit ihren Zahnrädern verbunden wurde, soll die Abtriebswelle mit einem darauf angeordneten Zahnrad durch eine Bewegungsabhängigkeit verbunden werden.

HINWEIS: Sollte die Option **Isolieren rückgängig** nicht verfügbar sein, wurde eventuell zwischenzeitlich gespeichert. Dann müssen die ausgeblendeten Komponenten manuell wieder sichtbar gemacht werden.

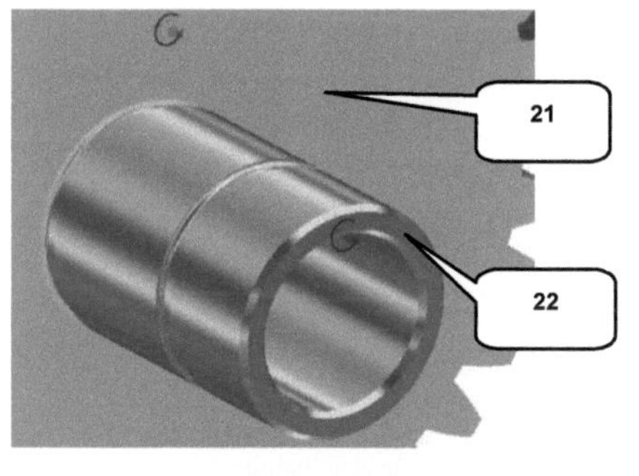

Starten Sie den Befehl ⊡ **Abhängig machen** im Register *Bewegung*.

Aktivieren Sie den Typ 🔄 *Drehung*, den Modus ∞ *Vorwärts*, und geben Sie ein Übersetzungsverhältnis von *1:1* ein. Als ⌖ *Referenz* der *Auswahl 1* ist die Seitenfläche des markierenden Zahnrades (21) und als ⌖ *Referenz* der *Auswahl 2* die Ringfläche der Abtriebswelle (22) zu verwenden.

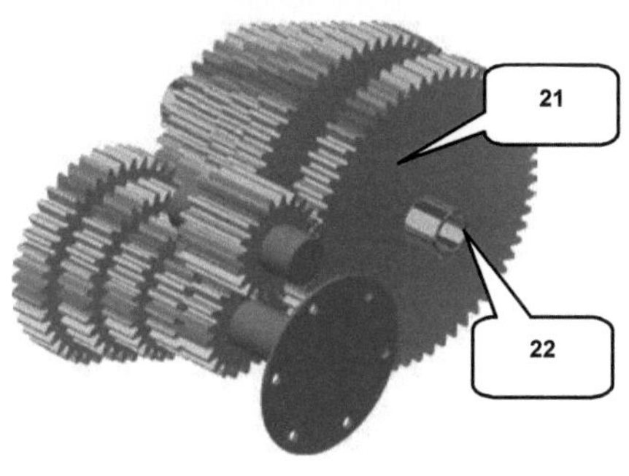

Speichern Sie die gesamte Baugruppe, um alle gesetzten Abhängigkeiten zu sichern.

7.6 Konstruktion des Kegelradgetriebes

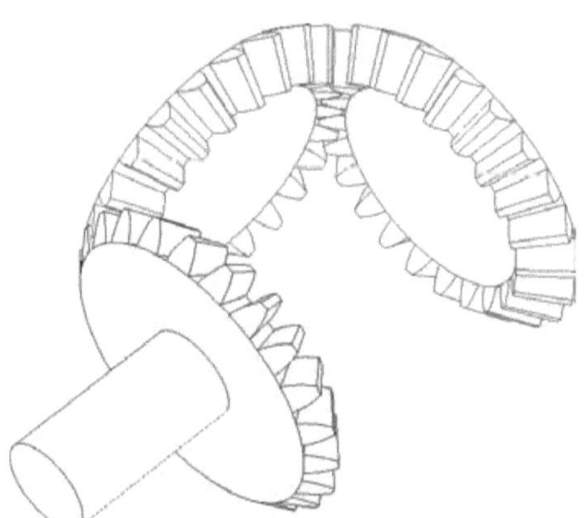

Durch die Abtriebswelle verläuft eine Rollenkette, welche den Ziehkeil bewegt. Diese Konstruktion erfordert genügend Platz an den Seiten der Welle, um die Kette, welche durch Kettenräder geführt wird, in die Welle hinein- und wieder herausbewegen zu können. An einem Ende der Welle soll daher ein zusätzliches Kegelradgetriebe (bestehend aus drei jeweils um 90° zueinander angeordneten Kegelrädern) konstruiert werden. Dieses Getriebe wird die Drehrichtung der Abtriebswelle erneut umkehren.

Mit dem Programm können leider nur Kegelradpaare mit zwei Kegelrädern konstruiert werden. Das im folgenden Übungsbeispiel benötigte dritte Kegelrad muss daher zusätzlich aus dem Projektordner hinzugefügt werden. Vorab sind eine Welle und ein Kugellager zu erzeugen.

7.6.1 Welle und Lager zur Platzierung der Kegelräder erzeugen

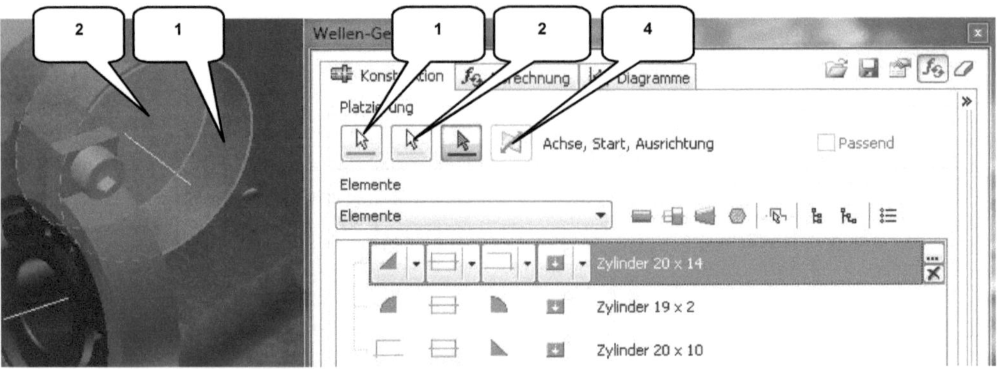

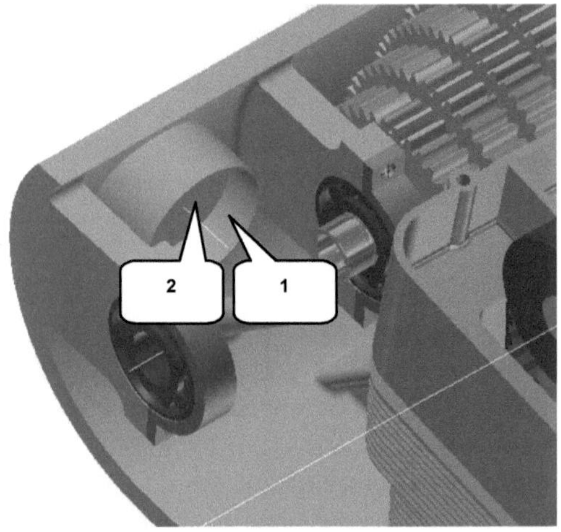

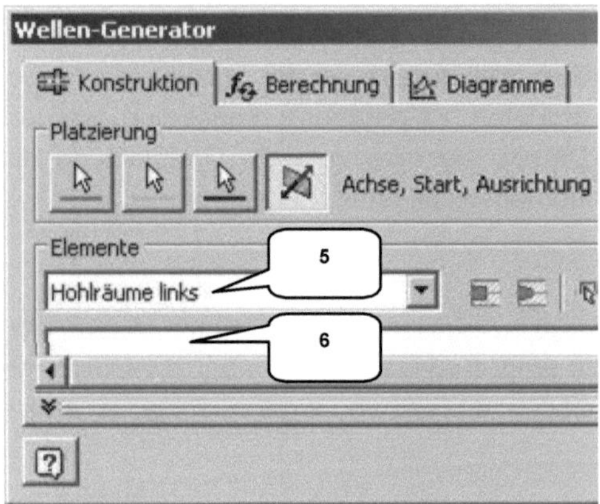

Starten Sie den ⊞ **Wellen-Generator**.

Verwenden Sie als ▸ **Referenz** für die **zylindrische Fläche** die markierte Zylinderfläche (1) und als ▸ **Referenz** für die **planare Startfläche** die markierte Fläche (2).

Die Referenzen finden Sie im hinteren Teil des Getrieberaumes im Motorgehäuse. Erstellen Sie danach die drei dargestellten Wellenabschnitte samt Fasen und Rundungen.

Die beiden ◢ **Fasen** sind mit der Option **Abstand** und einem Wert **0,5 mm** zu versehen, die beiden ◢ **Rundungen** mit einem jeweiligen Radius von **0,5 mm**.

Achten Sie auf die korrekte Richtung: Die Welle muss, von der Startebene aus, in Richtung Getriebeinnenraum zeigen (3).

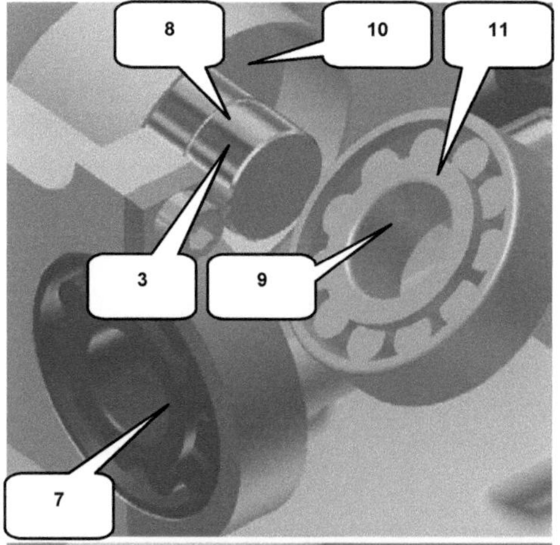

Eine Korrektur ist ggf. mittels ⬛ *Seite um-kehren* (4) möglich. Stellen Sie sicher, dass in der Option *Hohlräume links* (5) <u>keine</u> Durchgangsbohrung mehr aktiv ist (6). Bestätigen Sie den Befehl und weisen Sie der Welle anschließend die Farbe *Chrom-poliert-blau* zu.

Markieren Sie das Lager (7) und kopieren Sie es ein Mal (*rechte Maustaste* > *Kopieren*, *rechte Maustaste* > *Einfügen*). Setzen Sie zwei ⬛ *Abhängigkeiten*, um das neue Lager zu positionieren.

Die Achsen der beiden Zylinderflächen (8) und (9) sollten miteinander verbunden werden und die beiden Flächen (10) und (11) sollten passend anliegen. Das gewünschte Ergebnis ist in Abbildung (12) zu sehen.

Weisen Sie dem neuen Lager abschließend die Farbe *Blau* zu und **speichern** Sie die Baugruppe.

7.6.2 Befehlsgrundlagen KEGELRÄDER-GENERATOR

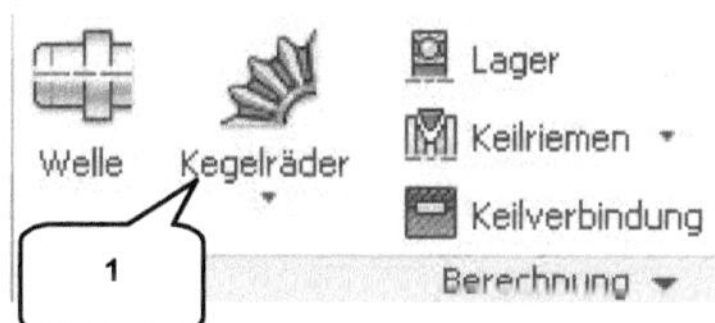

Der ⬛ Kegelräder-Generator (1) kann mit dem Stirnräder-Generator verglichen werden. Die Vorgehensweise bei der Berechnung ist ähnlich, nur dass die Kegelräder nicht parallel zueinander liegen, sondern in einem definierten Winkel zueinander angeordnet sind.

7.6.2.1　Register KONSTRUKTION

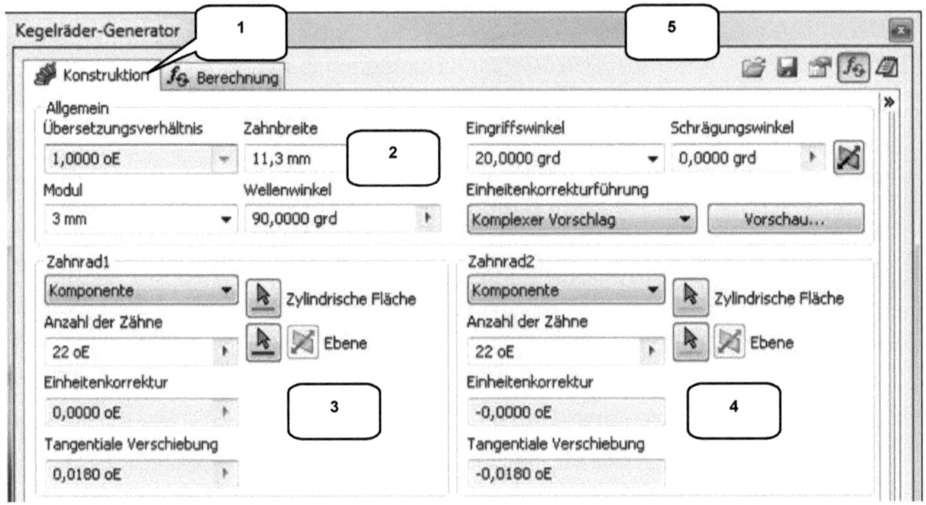

INHALT

Der Register **Konstruktion** ermöglicht die Vorgabe der Konstruktionsbedingungen und eine Platzierung der Kegelräder auf vorhandene geometrische Elemente der Baugruppe.

OPTIONEN

1) Register: Konstruktion/ Berechnung
2) Allgemeine Grundeinstellungen
3) Geometrie Kegelrad 1
4) Geometrie Kegelrad 2

5) Berechnungswerte, Berechnung aktivieren/ deaktivieren, Dateibenennung aktivieren, Berechnungswerte zurücksetzen

7.6.2.2　Register BERECHNUNG

INHALT

Im Register **Berechnung** können Methode der Festigkeitsberechnung, Belastungen der Kegelräder, Materialwerte und die erforderliche Gebrauchsdauer definiert werden.

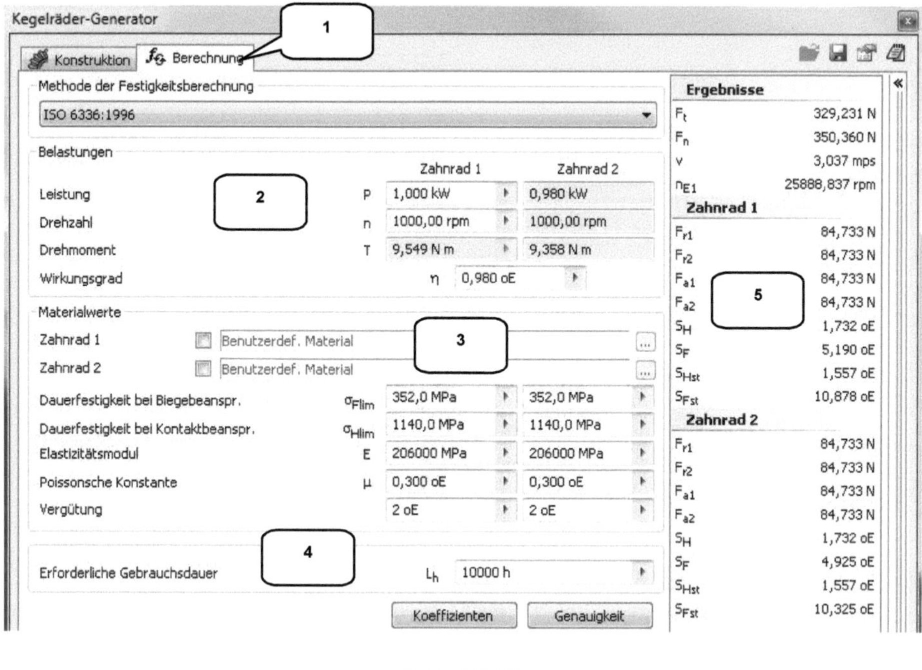

OPTIONEN

1) Register: Konstruktion/ Berechnung
2) Belastung
3) Material
4) Gebrauchsdauer
5) Ergebnisdarstellung

7.6.3 Konstruktion des Kegelradgetriebes

Übernehmen Sie alle Werte und Einstellungen aus der folgenden Abbildung (1). **Berechnen** Sie die Ergebnisse und bestätigen Sie den Befehl mit OK **OK**.

Die Positionierung der Kegelräder könnte theoretisch bereits während des Befehls erfolgen. Da hierbei leider häufig Probleme auftreten (trotz korrekter Angabe der Referenzen werden die Kegelradpaare falsch platziert), sollte die Positionierung manuell erfolgen.

Legen Sie das Kegelradpaar frei im Zeichenbereich ab (2) und richten Sie es etwas aus. Hierfür muss die Kegelradbaugruppe markiert, die *Taste: G* gedrückt und beide Kegelräder bei gedrückter linker Maustaste gedreht werden, bis in etwa die dargestellte Position (3) erreicht wurde.

Da Winkel und Abstand der Kegelräder zueinander bereits festgelegt ist, müssen die Achsen der Kegelräder jetzt nur noch auf die Wellen bezogen werden.

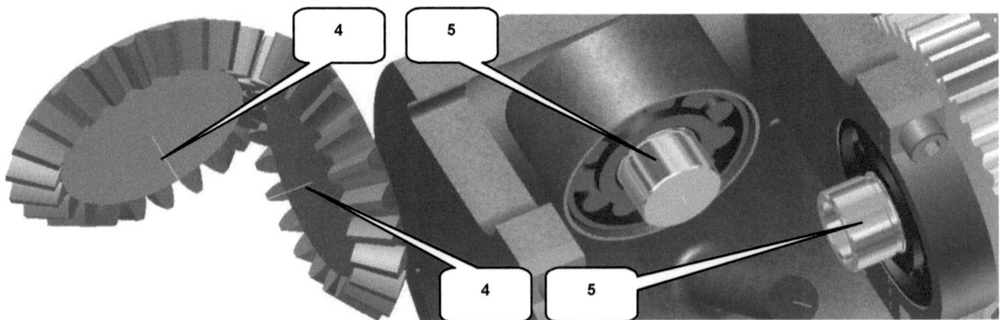

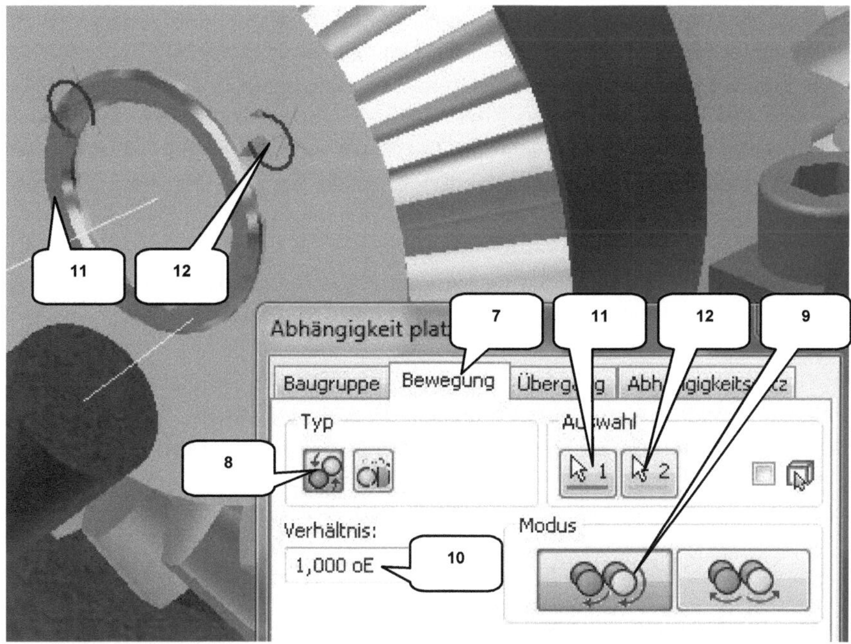

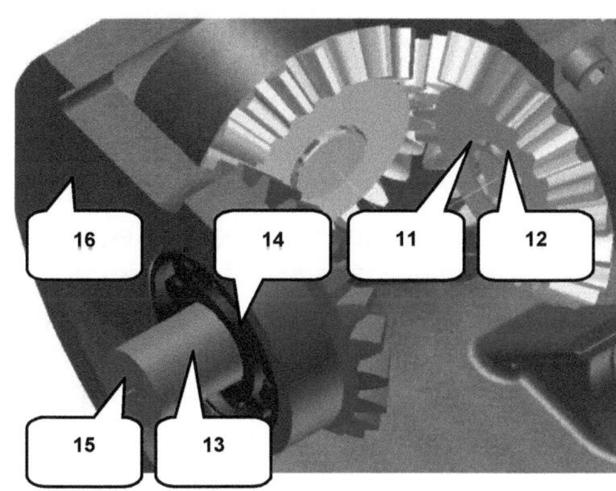

Stirnzahnrad1:1
Stirnzahnrad2:1
Rückwärtsgang-Stirnzahnrad3:1
Welle:5
Lager:7
Kegelräder:1
6

Erzeugen Sie Abhängigkeiten (Abhängig machen) zwischen den markierten Achsen der Kegelräder (4) und den Mantelflächen der Wellen (5). Da Kegelradpaare nicht automatisch flexibel in die Baugruppe eingefügt werden, muss das manuell nachgeholt werden. Markieren Sie die Baugruppe **Kegelräder.iam** (6) im Modellbaum und aktivieren Sie mit der **rechten Maustaste** darauf die Option **Flexibel**.

Starten Sie den Befehl Abhängig machen (Register **Bewegung** (7)). Aktivieren Sie den Typ **Drehung** (8), den Modus **Vorwärts** (9), das Übersetzungsverhältnis **1:1** (10) und erzeugen Sie eine Abhängigkeit zwischen der Abtriebswelle (11) und dem markierten Kegelrad (12).

Platzieren Sie das Bauteil ***Abtrieb-Kegelrad-außen.ipt*** aus dem Projektordner und legen Sie es einmal frei im Zeichenbereich ab. Um der neuen Komponente ihren Platz in der Baugruppe zuzuweisen, müssen zwei weitere Abhängigkeiten (**Abhängig machen**) erzeugt werden. Die Welle des neuen Kegelrades (13) soll axial mit der Zylinderfläche des markierten Lagers (14) verbunden werden. Die Stirnfläche der Welle (15) soll in einem Abstand von ***-22 mm*** fluchtend zur markierten Seitenfläche des Getriebes (16) positioniert werden.

HINWEIS: Die Welle (13) des zuletzt eingefügten Kegelrades sollte jetzt aus dem Getrieberaum herausragen. Andernfalls ist der Abstand auf ***+22 mm*** zu korrigieren!

Vor dem Setzen einer Bewegungsabhängigkeit zwischen dem zuletzt eingefügten Kegelrad und den beiden anderen Kegelrädern muss es ausgerichtet werden. Markieren Sie alle drei Kegelräder und isolieren Sie diese (***rechte Maustaste*** > **Isolieren**).

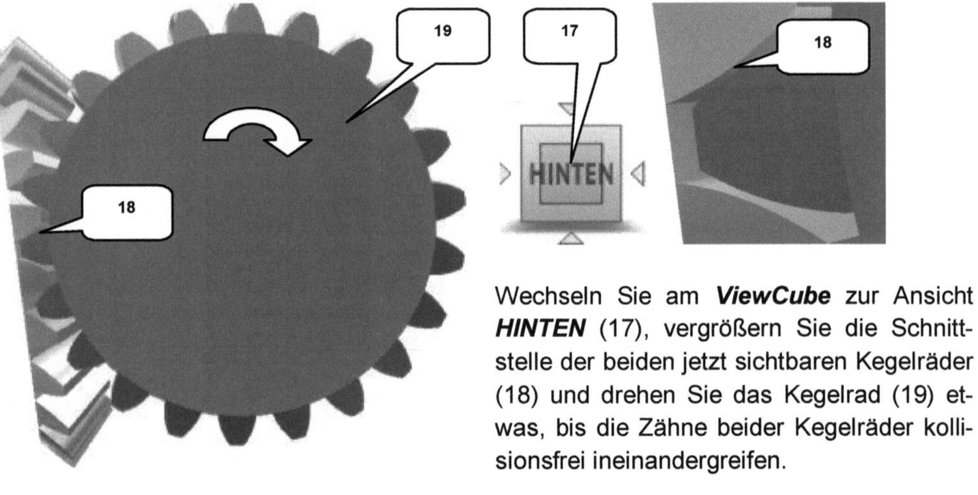

Wechseln Sie am ***ViewCube*** zur Ansicht ***HINTEN*** (17), vergrößern Sie die Schnittstelle der beiden jetzt sichtbaren Kegelräder (18) und drehen Sie das Kegelrad (19) etwas, bis die Zähne beider Kegelräder kollisionsfrei ineinandergreifen.

Das Kegelrad (19) sollte jetzt nicht mehr bewegt werden. Drehen Sie die gesamte Ansicht etwas und erzeugen Sie eine weitere Bewegungsabhängigkeit. Starten Sie den Befehl **Abhängig machen** im Register ***Bewegung*** (20). Aktivieren Sie den Typ ***Drehung*** (21), den Modus ***Vorwärts*** (22), das Übersetzungsverhältnis ***1:1*** (23) und erzeugen Sie eine Abhängigkeit zwischen den Kegelradflächen (24) und (25).

Alle drei Kegelräder können jetzt markiert und mit der Farbe ***Chrom-poliert-schwarz*** versehen werden. Beenden Sie die Isolierung (***rechte Maustaste*** > **Isolieren rückgängig**) und ***speichern*** Sie die Baugruppe abschließend.

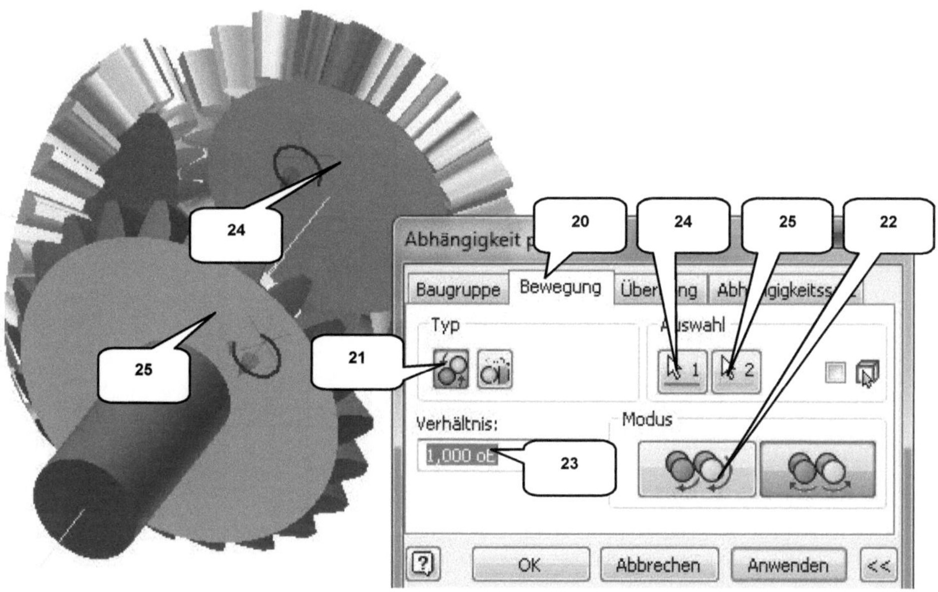

8 Rollenketten

8.1 Rollenketten erzeugen

Rollenketten werden im technischen Bereich häufig verwendet, um Drehbewegungen und Momente sicher übertragen zu können. In diesem Übungsbeispiel sollen insgesamt zwei Rollenketten konstruiert werden. Die erste Kette wird die Kraftübertragung von der Kurbelwelle auf das Getriebe gewährleisten und muss daher stabil ausgeführt werden. Die zweite Kette wird axial durch die Abtriebswelle verlaufen, um dort den Ziehkeil zu bewegen. Aufgrund ihrer geringen Beanspruchung wird sie filigraner ausfallen.

8.1.1 Befehlsgrundlagen ROLLENKETTEN-GENERATOR

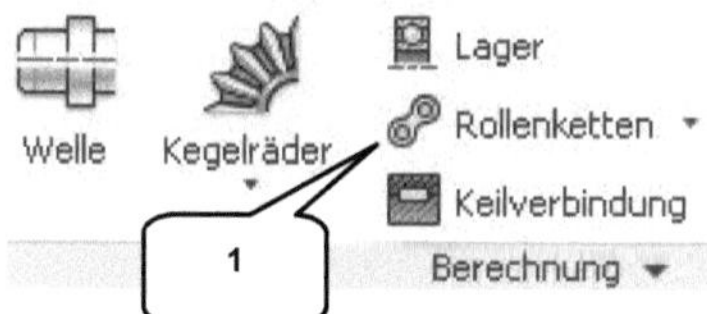

Mit dem **Rollenketten-Generator** (1) können Kettenantriebe, bestehend aus Rollenkette, Kettenrädern und Spannrollen, berechnet und konstruiert werden. Das Inhaltscenter stellt eine Auswahl an vorhandenen Rollenketten zur Verfügung. Der Kettenantrieb kann außerdem auf bereits vorhandene geometrische Elemente einer Baugruppe positioniert werden.

8.1.1.1 Register KONSTRUKTION

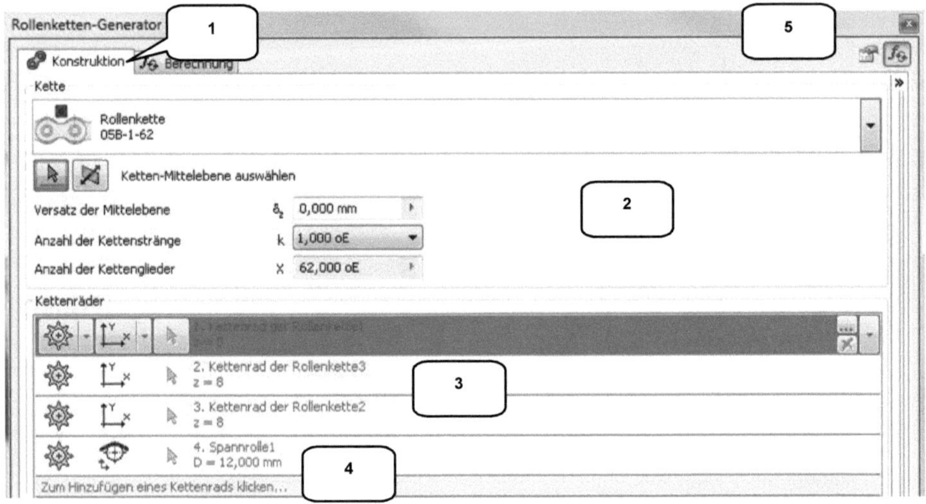

INHALT

Im Register **Konstruktion** wird der Kettentyp gewählt, neue Kettenräder und Spannrollen werden erzeugt und auf vorhandenen Referenzen der Baugruppe platziert.

OPTIONEN

1) Register: Konstruktion/ Berechnung
2) Kettentyp, Anzahl Kettenstränge, Kettenantrieb positionieren
3) Kettenräder/ Spannrollen bearbeiten

4) Neue Kettenräder/ Spannrollen erzeugen
5) Dateibenennung und Berechnung aktivieren/ deaktivieren

8.1.1.2 Register BERECHNUNG

INHALT

Das Register **Berechnung** ermöglicht die Verwaltung der Arbeitsbedingungen, Ketteneigenschaften und weiterer Randbedingungen.

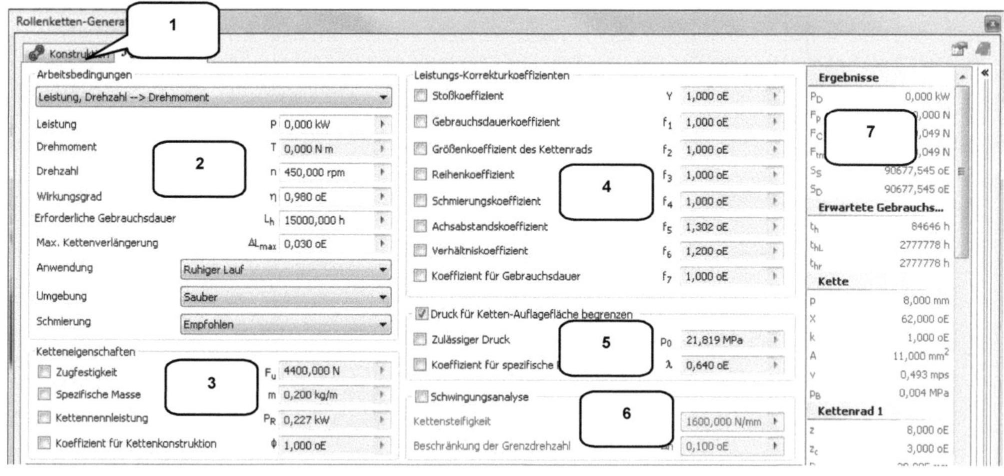

OPTIONEN

1) Register: Konstruktion/ Berechnung
2) Berechnungstyp, Arbeitsbedingungen
3) Ketteneigenschaften
4) Leistung-Korrekturkoeffizienten
5) Auflageflächendruck
6) Schwingungsanalyse
7) Ergebnisberechnung

8.1.2 Konstruktion der Antriebskette

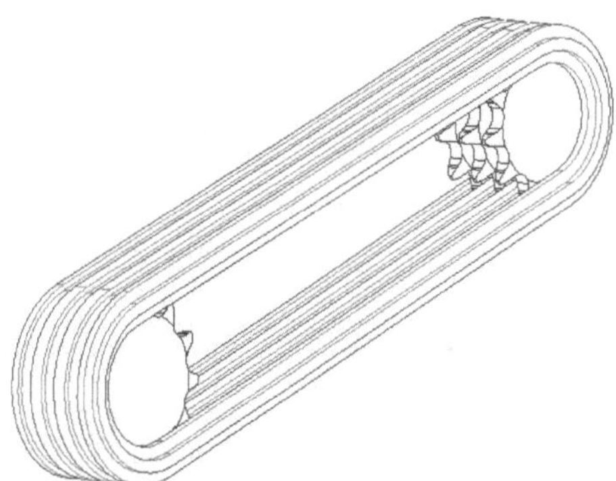

Ein **Kettenantrieb** besteht aus der Rollenkette, Kettenrädern und eventuell einem Kettenspanner. Kettenantriebe sind wartungsarm. Aufgrund ihrer Beschaffenheit sind sie sehr langlebig, allerdings weniger geräuscharm als ein Zahnriemenantrieb. Kettenantriebe müssen regelmäßig geschmiert werden. Der Austausch eines Kettenantriebes ist (je nach Belastung) relativ selten erforderlich.

Die Antriebskette muss aufgrund ihrer starken Belastung sehr stabil ausgeführt werden, was durch eine höhere Anzahl an Kettensträngen realisiert werden kann. Aufgrund des kurzen Übertragungsweges ist die Verwendung eines Kettenspanners nicht erforderlich.

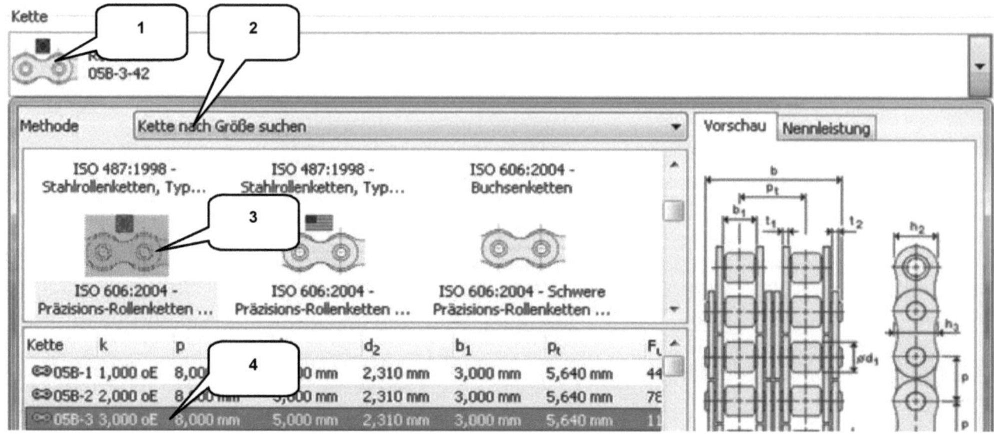

Klicken Sie auf das 🔩 **Kettensymbol** (1), um den passenden Kettentyp auszuwählen. Im neu geöffneten Auswahlfenster sollte die Methode **Kette nach Größe suchen** (2) aktiviert sein. Wählen Sie den Kettentyp **ISO 606:2004 – Präzisions-Rollenketten mit kurzer Teilung (EU)** (3) aus.

In der darunterliegenden Tabelle ist der Typ **05B-3** (4) zu aktivieren und das Fenster kann anschließend ✅ **bestätigt** werden.

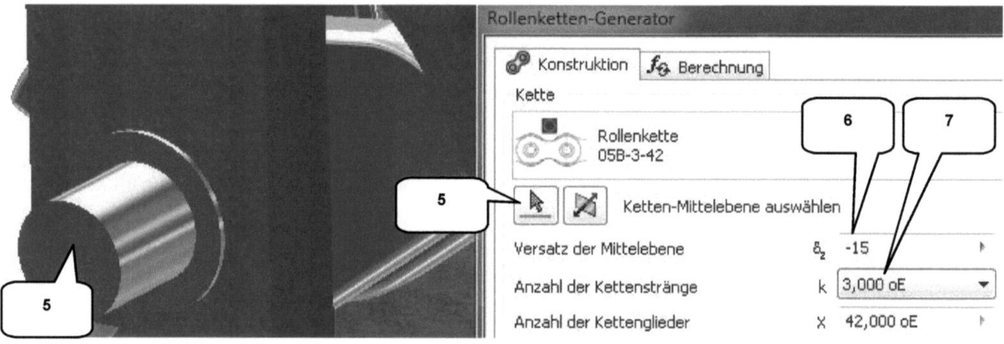

Drehen Sie die gesamte Ansicht auf die Seite der Kupplung (**ViewCube-Ansicht**: **VORNE**) und wählen Sie als ▷ **Referenz** für die **Ketten-Mittelebene** die markierte Seitenfläche der Kurbelwelle (5).

Im Eingabefeld **Versatz der Mittelebene** muss der Wert **-15 mm** (6) eingetragen werden. Im Eingabefeld **Anzahl der Kettenstränge** sollte der Wert **3** (7) bereits eingestellt sein. Die **Anzahl der Kettenglieder** berechnet das Programm eigenständig.

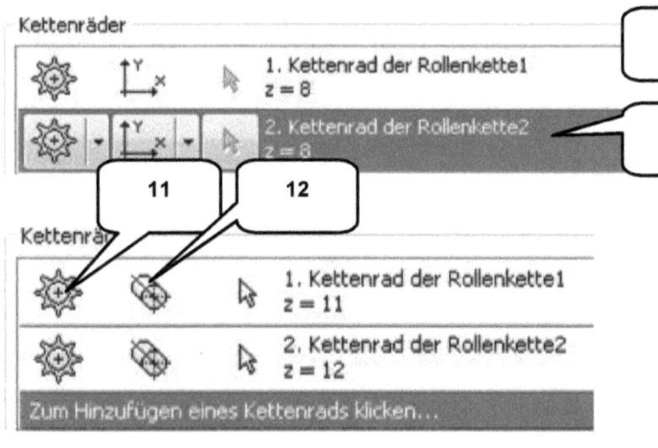

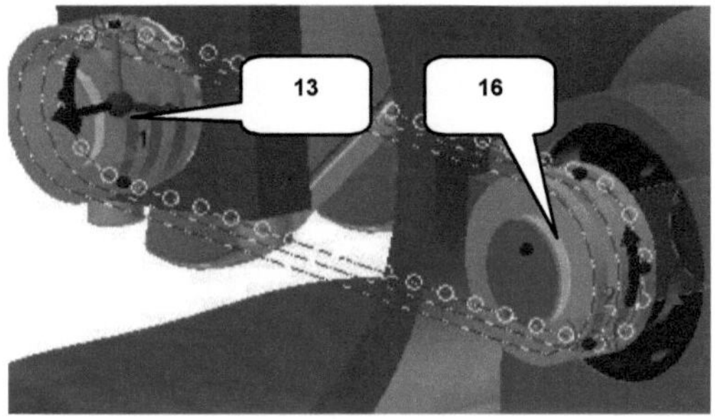

Im Bereich **Kettenräder** (8) sollten, je nach Voreinstellung des Programms, zwei oder mehr Kettenräder angezeigt werden. Sollten es mehr als <u>zwei</u> Räder sein, entfernen Sie alle bis auf die ersten beiden. Hierfür ist die jeweilige Zeile zu aktivieren und dann auf das Symbol ✖ **Löschen** (9) zu klicken. Beide Kettenräder müssen vom Typ **Kettenrad der Rollenkette** (10) sein.

Starten Sie mit der Bearbeitung des ersten Kettenrades. Ganz links in der **Kettenrad-Geometrieoption** (11) ist die ⚙ **Komponente** (gelbes Symbol) zu aktivieren. Rechts daneben ist die ◈ **Feste Position über ausgewählte Geometrie** (12) (gelbes Symbol) zu wählen. Als geometrische ▸ **Referenz** ist für das erste Kettenrad die Zylinderfläche der Kurbelwelle (13) zu verwenden.

Für das zweite Kettenrad sind ebenfalls die beiden Einstellungen ⚙ **Komponente** (14) und ◈ **Feste Position über ausgewählte Geometrie** (15) zu übernehmen. Als ▸ **Referenz** ist diesem Kettenrad die Mantelfläche der Kupplungswelle (16) zuzuweisen. Die Option ◈ **Feste Position über ...** des zweiten Kettenrades muss jetzt auf ⊕ **Frei verschiebbare Position** (17) geändert werden.

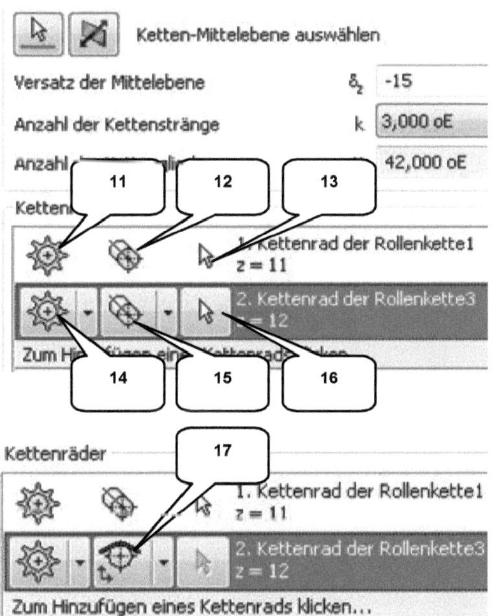

Starten Sie die ⋯ **Bearbeitung** (18) des ersten Kettenrades. Aktivieren Sie die Option **Bewegung im Uhrzeigersinn** (19), geben Sie für die Anzahl der Zähne den Wert **11** (20) ein und wählen Sie die **Theoretische Zahnform** (21). Das Fenster kann dann mit ⟨ OK ⟩ **OK** bestätigt werden.

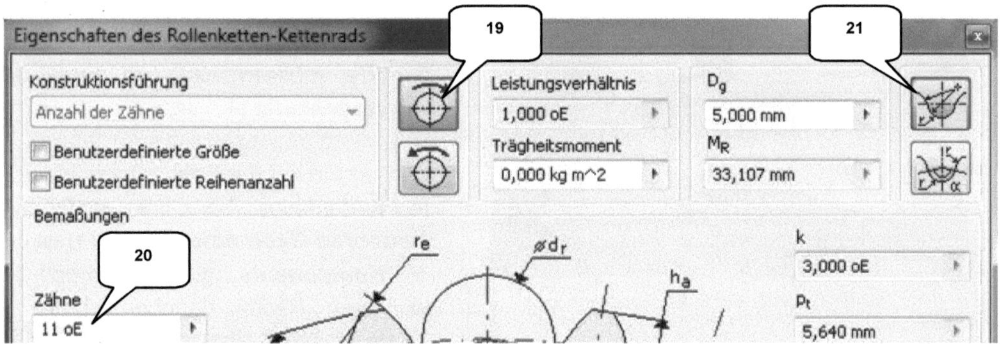

Starten Sie die ⋯ **Bearbeitung** (22) des zweiten Kettenrades und wählen Sie die Konstruktionsführung **Anzahl der Zähne** (23). Aktivieren Sie auch hier die Option **Bewegung im Uhrzeigersinn** (24), geben Sie für die Anzahl der Zähne den Wert **12** (25) ein und wählen Sie die **Theoretische Zahnform** (26). Das Fenster kann dann mit ⟨ OK ⟩ **OK** bestätigt werden. Wechseln Sie ins Register $f_\odot$ Berechnung **Berechnung**, starten Sie die ⟨ Berechnen ⟩ **Berechnung** und bestätigen Sie den Befehl mit ⟨ OK ⟩ **OK**. Die Baugruppe ist anschließend zu **speichern**.

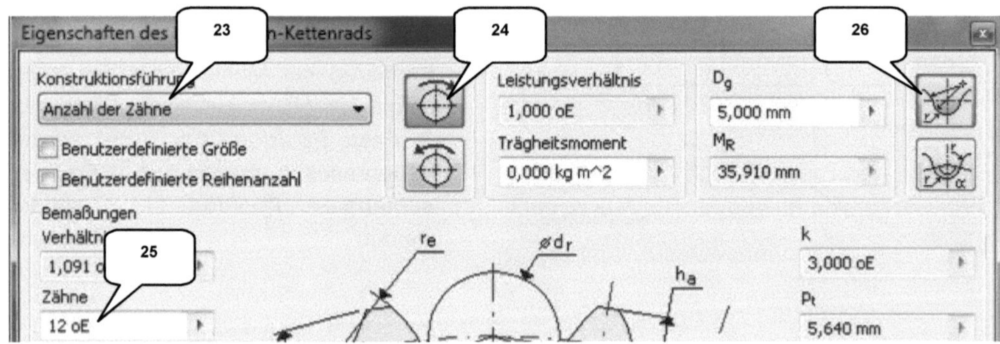

8.1.3 Kettenantrieb mit Bewegungsabhängigkeiten versehen

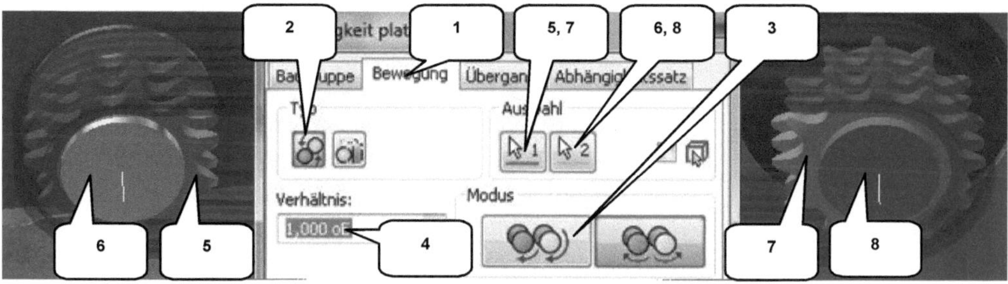

Auch Kettenantriebe werden vom Programm nicht automatisch als flexible Baugruppen erzeugt. Dies muss manuell nachgeholt werden. Markieren Sie den Kettenantrieb und aktivieren Sie die Option *Flexibel* der *rechten Maustaste*.

Um die Kettenräder des Kettenantriebes mit Kurbelwelle und Kupplung zu verbinden, starten Sie den Befehl **Abhängig machen** im Register *Bewegung* (1). Aktivieren Sie den Typ *Drehung* (2), den Modus *Vorwärts* (3), das Übersetzungsverhältnis *1:1* (4) und erzeugen Sie eine Abhängigkeit zwischen dem linken Kettenrad (5) und der Kurbelwelle (6) sowie zwischen dem rechten Kettenrad (7) und der Kupplung (8). Wenn beide Bewegungsabhängigkeiten richtig gesetzt wurden, dürften sich jetzt weder die Kurbelwelle noch eine der Komponenten aus dem Getriebe manuell drehen lassen.

8.1.4 Animation des gesamten Bewegungsapparates

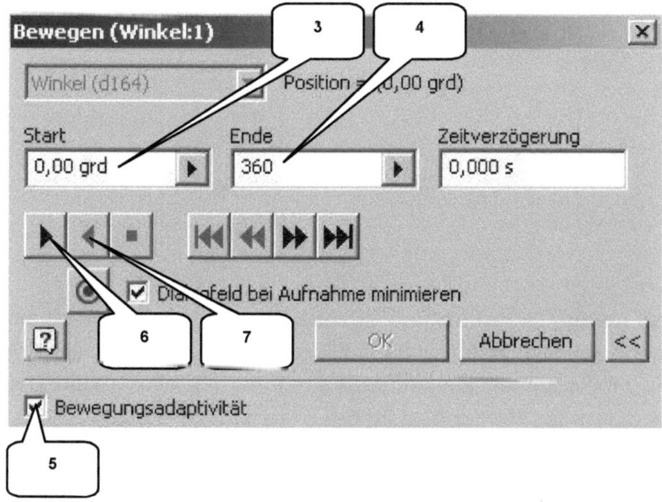

Die Nockenwelle wurde mit einer Winkelabhängigkeit versehen, welche die Drehbewegung des gesamten Kurbeltriebes unterdrückt.

Diese Abhängigkeit soll in der nächsten Übung verwendet werden, um Kurbeltrieb und Getriebe zu animieren.

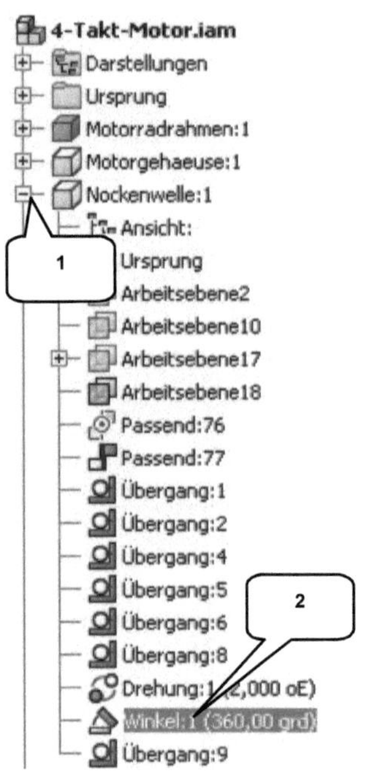

Klappen Sie im Modellbaum das Bauteil **Nockenwelle.ipt** (1) auf, klicken Sie mit der **rechten Maustaste** auf die **Winkelabhängigkeit** (2) und wählen Sie die Option **Bewegen**.

Im neu geöffneten Eingabefenster ist der Startwinkel auf **0°** (3) einzustellen, der Endwinkel auf **360°** (4) und die **Bewegungsadaptivität** (5) ist zu aktivieren. Die Animation kann jetzt mit ▶ **Vorwärts** (6) gestartet werden (alternativ ◀ **Rückwärts** (7)).

Der gesamte Kurbeltrieb und alle Komponenten des Getriebes, sollten sich zu den festgelegten Abhängigkeiten bewegen. Der Befehl kann nach Ablauf der Animation wieder beendet werden.

Speichern Sie die Baugruppe abschließend.

8.1.5 Konstruktion der Rollenkette für die Gangschaltung

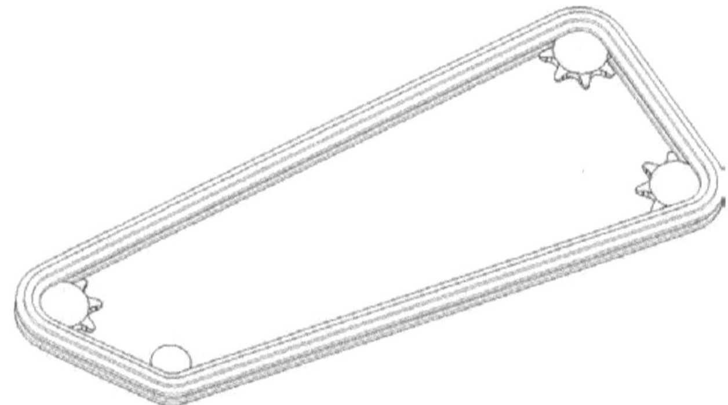

Die Konstruktion der **Rollenkette** für die Gangschaltung ist etwas komplexer. Zwar wird diese Rollenkette aufgrund ihrer geringen Belastung weitaus filigraner ausfallen (nur ein Kettenstrang), dennoch müssen hier im Gegensatz zur Antriebskette mehr als zwei Kettenräder verwendet werden, um die Kette durch das Getriebe zu führen.

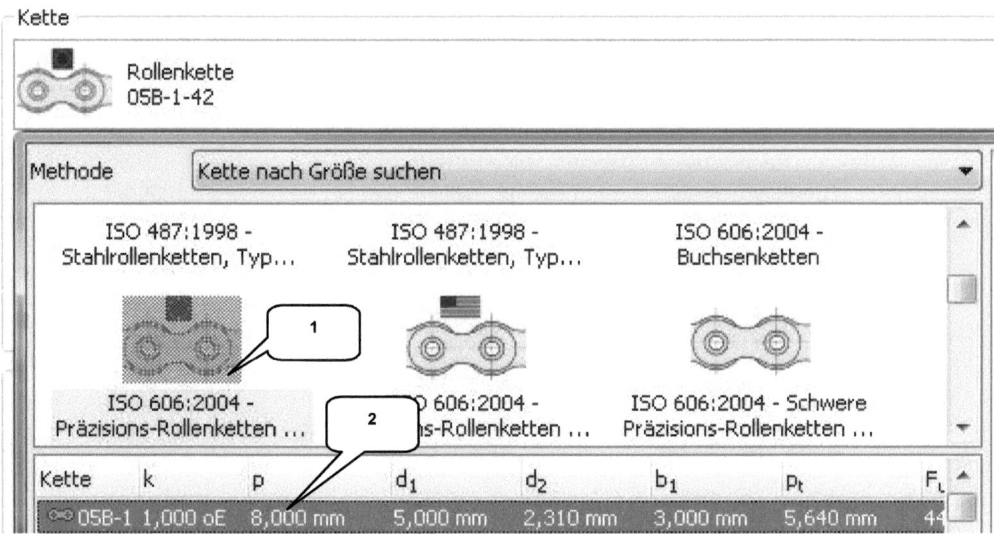

Starten Sie den 🔗 **Rollenketten-Generator**, wählen Sie den ⚙ **Kettentyp ISO 606:2004 – Präzisions-Rollenketten mit kurzer Teilung (EU)** (1) und aktivieren Sie in der Tabelle darunter in der ersten Zeile den Typ **05B-1** (2). Das Fenster kann anschließend durch ☑ **Bestätigen** beendet werden.

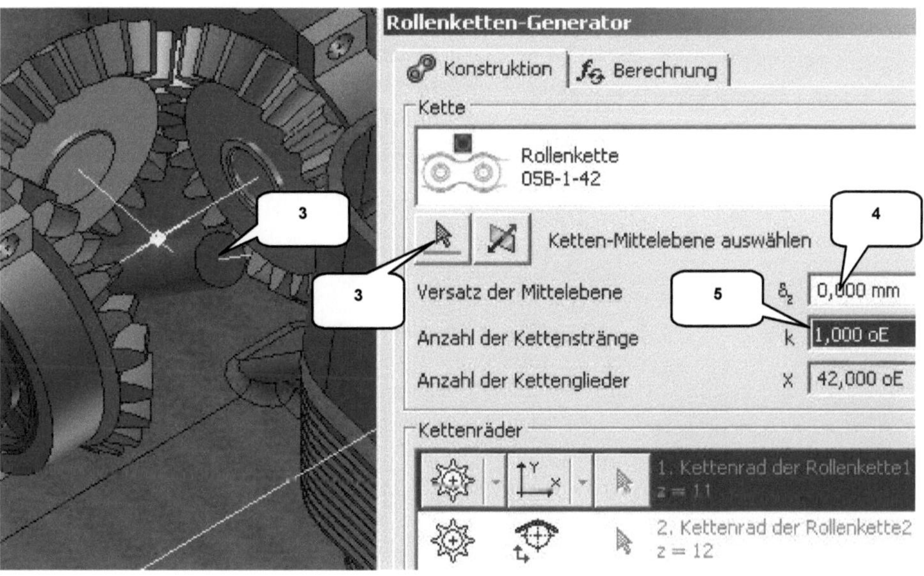

Als ⌨ **Ketten-Mittelebene** ist die markierte Stirnfläche des Zylinders (3) im Getrieberaum zu verwenden. Der **Versatz der Mittelebene** soll **0 mm** (4), die **Anzahl der Kettenstränge** soll **1** (5) betragen. Im Bereich der Kettenräder, müssten bereits zwei Kettenräder voreingestellt sein. Verwenden Sie die Schaltfläche **Zum Hinzufügen eines Kettenrades klicken...** (6), um ein drittes **vorhandenes Kettenrad der Rollenkette** (7) zu erzeugen. Klicken Sie die Schaltfläche erneut, um weiterhin eine **flache Spannrolle** (8) einzufügen. Insgesamt sollten jetzt drei Kettenräder und eine Spannrolle zu sehen sein (9).

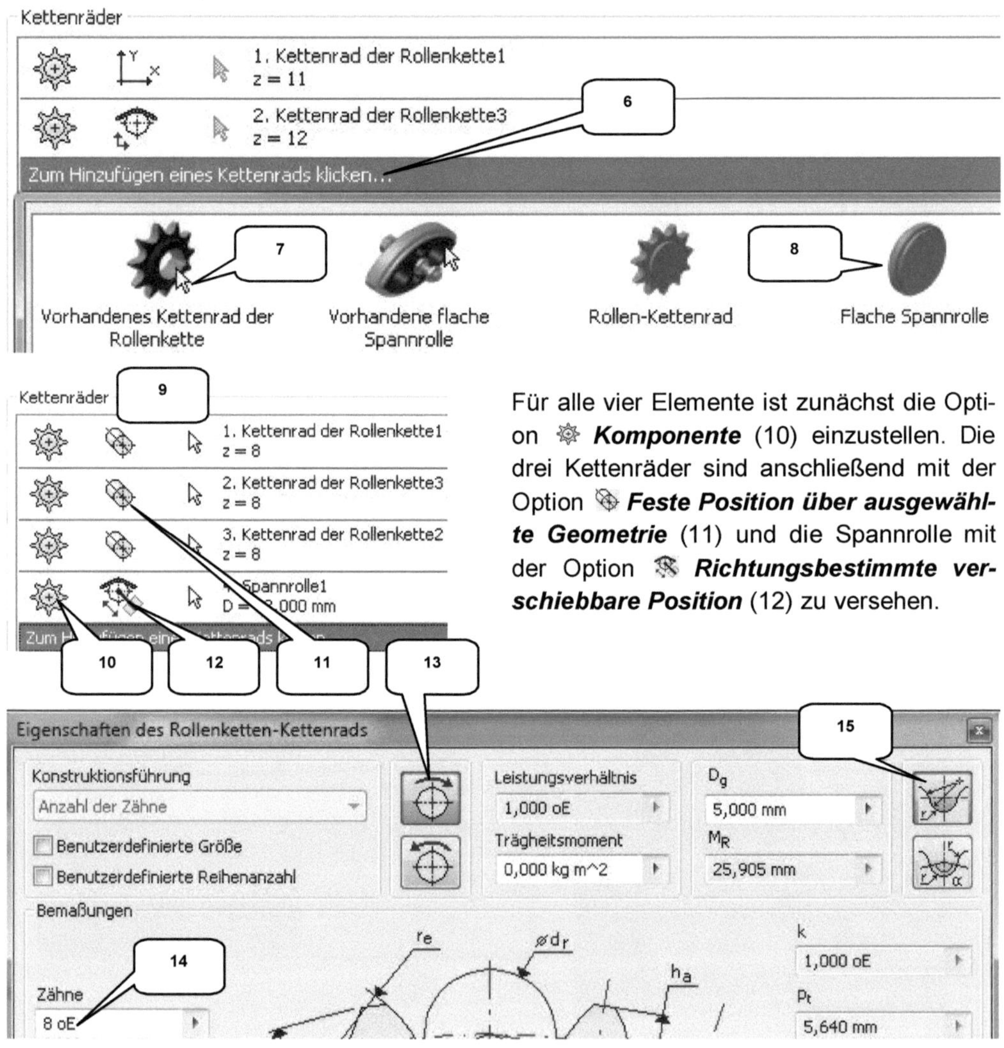

Für alle vier Elemente ist zunächst die Option ⚙ **Komponente** (10) einzustellen. Die drei Kettenräder sind anschließend mit der Option **Feste Position über ausgewählte Geometrie** (11) und die Spannrolle mit der Option **Richtungsbestimmte verschiebbare Position** (12) zu versehen.

Starten Sie die ▦ **Bearbeitung** des ersten Kettenrades. Aktivieren Sie die Option **Bewegung im Uhrzeigersinn** (13), geben Sie für die Anzahl der Zähne den Wert **8** (14) ein und wählen Sie die **Theoretische Zahnform** (15). Das Fenster kann dann mit ▦ OK **OK** bestätigt werden. Beginnen Sie anschließend mit der Bearbeitung der restlichen beiden Kettenräder. Alle Werte und Einstellungen sind identisch zu denen des ersten Kettenrades.

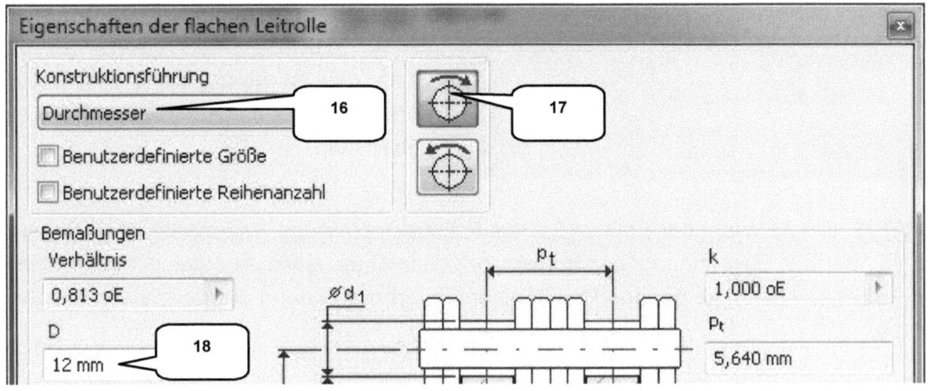

Im Anschluss daran ist die ▦ **Bearbeitung** der flachen Spannrolle zu starten. Ändern Sie die Konstruktionsführung auf **Durchmesser** (16), die Bewegung auf **Im Uhrzeigersinn** (17) und den **Durchmesser** auf den Wert **12 mm** (18).

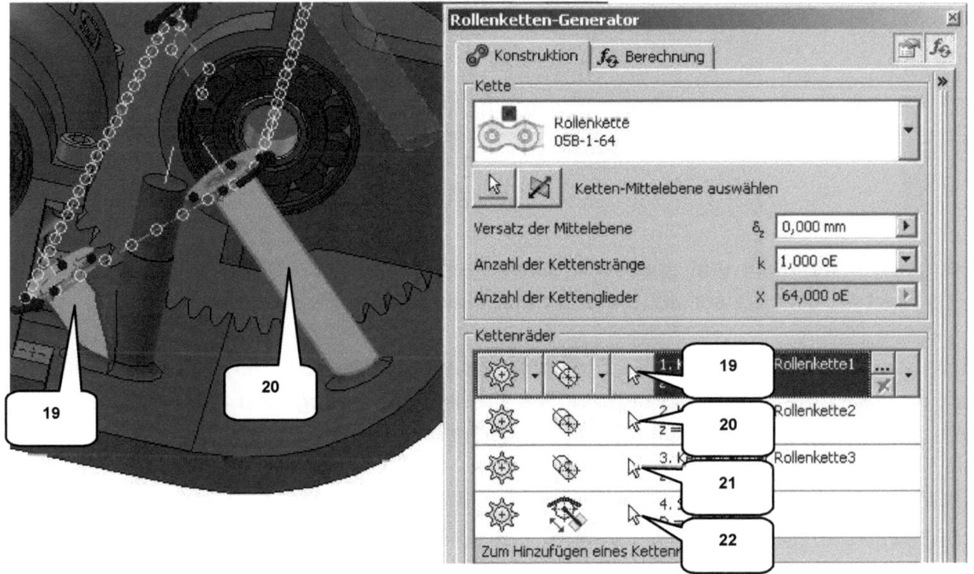

Als ↕ *Referenzen* für die beiden ersten Kettenräder sind die markierten zylindrischen Flächen des Motorgehäuses (19, 20) auf der Seite der Kupplung zu verwenden. Als ↕ *Referenz* für das dritte Kettenrad ist die markierte zylindrische Fläche (21) des Motorgehäuses auf der Seite der Kegelräder zu aktivieren. Als ↕ *Referenz* für die Spannrolle ist die markierte Ebene (22) auf derselben Seite des Motorgehäuses zu verwenden.

HINWEIS: Die Auswahl der Ebene (22) als Referenzobjekt der Spannrolle ist zwingend notwendig, um der Berechnung der korrekten Kettenlänge einen Ausgleich zu ermöglichen. Das Programm kann die genaue Position der Spannrolle entlang der Ebene somit selbst definieren.

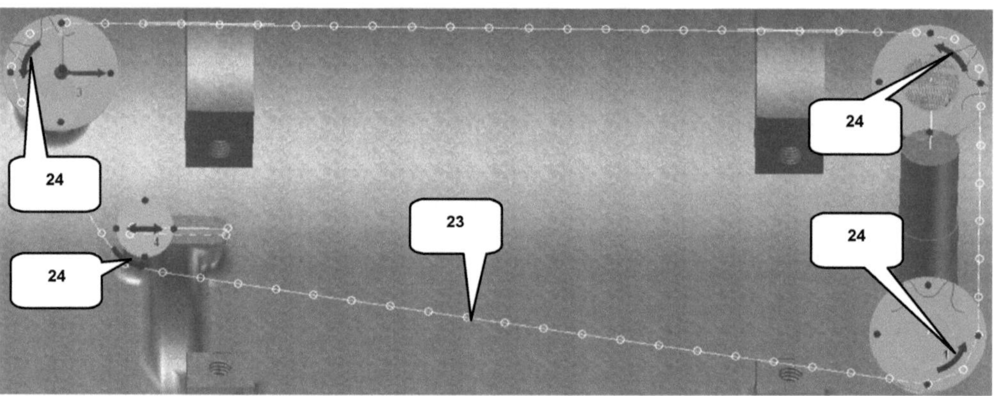

Nachdem Kettenräder und Spannrolle positioniert wurden, muss der Verlauf der Kette (23) kontrolliert werden. Sie soll außen über Ketten und Spannrolle geführt werden.

Sollte die Kette an einem der vier Elemente (Spannrolle/ Kettenräder) verdreht sein, ist dies zu korrigieren: Klicken Sie in diesem Fall auf den ◣ *gebogenen Pfeil* eines Elementes (24), um die Lage der Kette und somit ihre Laufrichtung umzukehren.

Die obere Abbildung zeigt die gewünschte Ausrichtung der Kette

Ändern Sie den Verlauf der Kette an jedem Element, bis die Lage der Kette, so wie in der letzten Abbildung dargestellt, erreicht wurde. Wechseln Sie anschließend ins Register $f_\odot$ Berechnung **Berechnung**, starten Sie dort die [Berechnen] **Berechnung** der Kettenlänge, und bestätigen Sie den Befehl mit [OK] **OK**. Der neue Kettenantrieb sollte dann als **Flexibel** (**rechte Maustaste > Flexibel**) gekennzeichnet und die gesamte Baugruppe **ge-speichert** werden.

8.1.6   Kettenschaltung mit Schalthebel und Kegelradpaar versehen

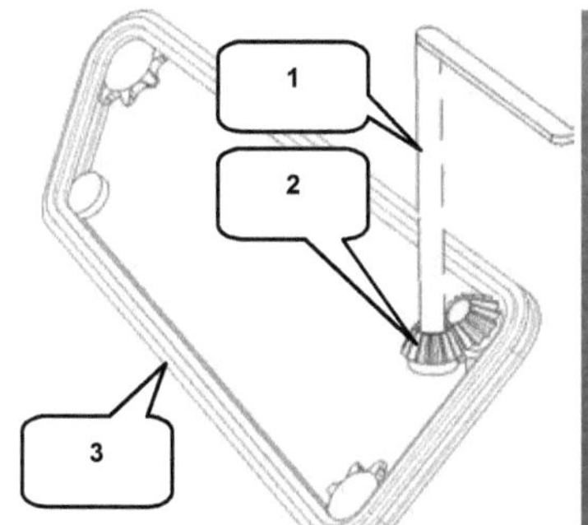

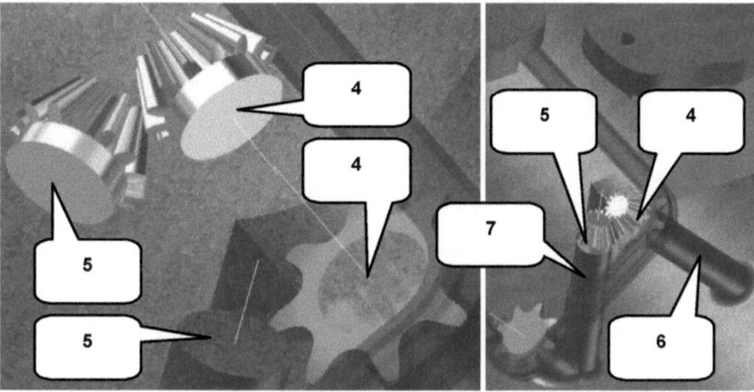

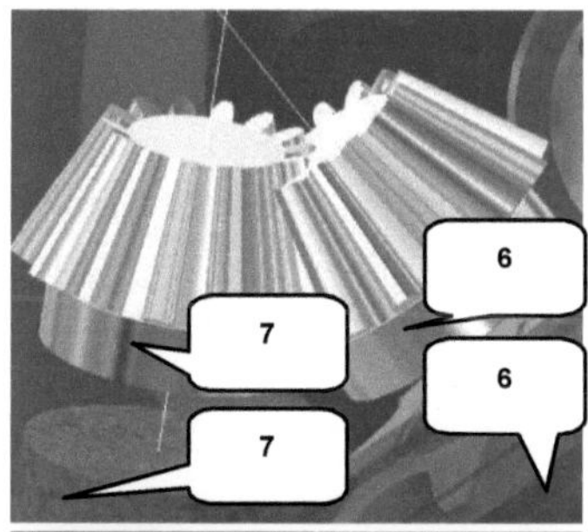

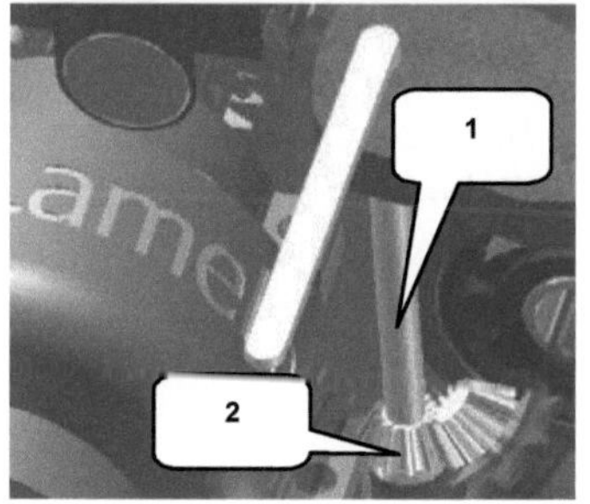

Um die Kettenschaltung außerhalb des Getriebegehäuses betätigen zu können, muss ein langer Ganghebel (1) zusätzlich in die Baugruppe eingefügt werden. Weiterhin ist ein Kegelradpaar (2) erforderlich, welches Schalthebel und zuletzt konstruierte Rollenkette (3) miteinander verbindet.

🖳 **Platzieren** Sie aus dem Projektordner das Bauteil **Ganghebel.ipt** einmal und das Bauteil **Gangschaltung-Kegelrad.ipt** insgesamt zweimal in der Baugruppe. Verbinden Sie die beiden neu eingefügten Kegelräder mit dem Motorgehäuse. Setzen Sie zwei Abhängigkeiten (**Abhängig machen**), um die Flächen (4) und (5) der Kegelräder mit den zugehörigen Flächen des Motorgehäuses zu verbinden. Setzen Sie zwei weitere Abhängigkeiten, um die Achsen der zylindrischen Flächen (6) und (7) der Kegelräder mit den zugehörigen Achsen der zylindrischen Flächen des Motorgehäuses zu verbinden.

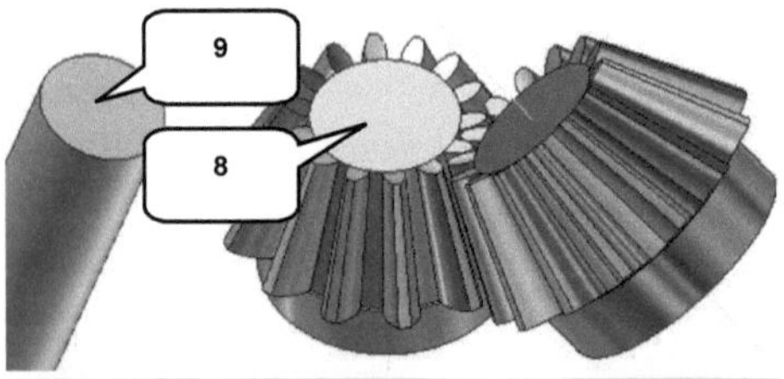

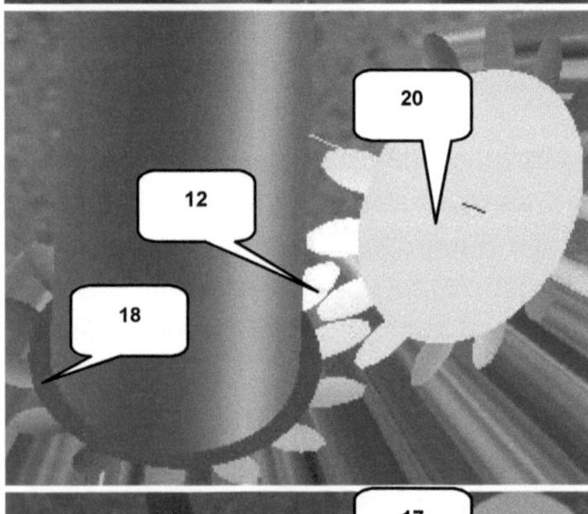

Die Kegelräder sollen axial auf den zylindrischen Flächen angeordnet werden und sauber darauf aufliegen. Weiterhin soll der Ganghebel (1) auf dem Kegelrad (2) positioniert werden. Setzen Sie eine Abhängigkeit, um die Stirnfläche des Kegelrades (8) mit der markierten Fläche des Ganghebels (9) zu verbinden. Setzen Sie eine weitere Abhängigkeit, um die Achse der Mantelfläche des Ganghebels (10) mit der zugehörigen Achse der Mantelfläche (11) des markierten Kegelrades zu verbinden.

Sobald der Ganghebel an der vorgesehenen Position befestigt wurde, müssen die beiden Kegelräder so gedreht werden, dass deren Zähne kollisionsfrei ineinandergreifen (12). Um die einzelnen Komponenten auch in der Bewegung voneinander abhängig machen zu können, müssen zusätzlich drei Bewegungsabhängigkeiten erzeugt werden.

Setzen Sie eine Abhängigkeit zwischen Ganghebel und Kegelrad (Register: **Bewegung** (13), Typ: **Drehung** (14), Modus: **Vorwärts** (15), **Verhältnis**: 1:1 (16), **Auswahl 1**: Fläche Ganghebel (17) und **Auswahl 2**: Fläche Kegelrad (18)).

Setzen Sie eine weitere Abhängigkeit zwischen Kegelrad und Kegelrad (Register: **Bewegung** (13), Typ: **Drehung** (14), Modus: **Rückwärts** (19), **Verhältnis**: 1:1 (16), **Auswahl 1**: Fläche Kegelrad (18) und **Auswahl 2**: Fläche Kegelrad (20)).

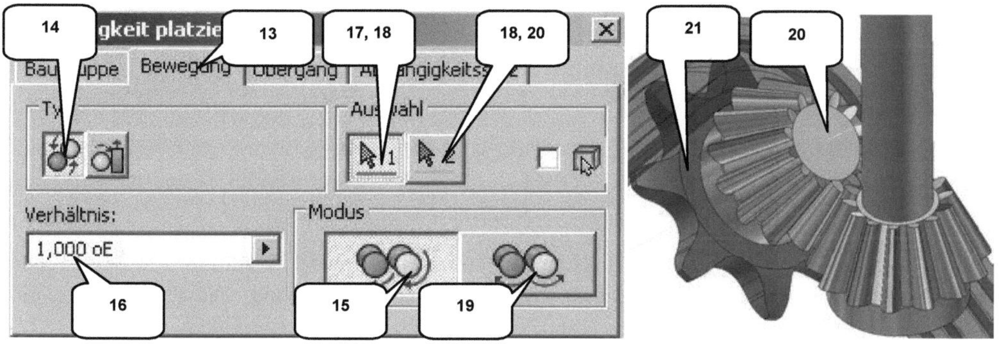

Setzen Sie eine letzte Abhängigkeit zwischen Kegelrad und Kettenrad (Register: *Bewegung* (13), Typ: *Drehung* (14), Modus: *Vorwärts* (15), *Verhältnis*: 1:1 (16), *Auswahl 1*: Fläche Kegelrad (20) und *Auswahl 2*: Fläche Kettenrad (21)). Wenn Sie den Ganghebel nach Beendigung des Befehls etwas drehen, sollten sich Kegelräder und Kettenräder der Gangschaltung ebenfalls bewegen. *Speichern* Sie die Hauptbaugruppe.

9 Keilwellenverbindungen

9.1 Konstruktion einer Keilwellenverbindung

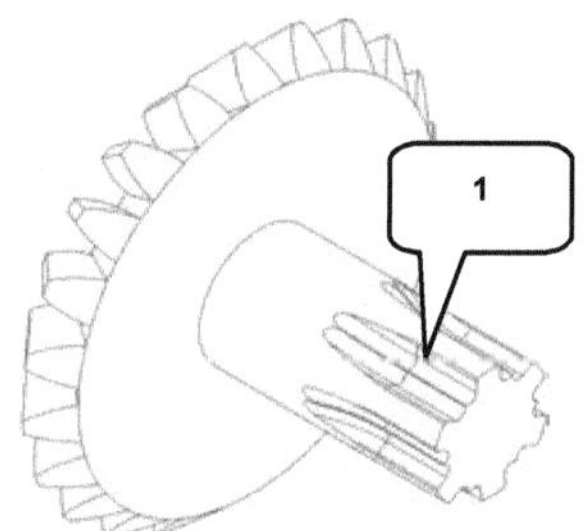

Um Kräfte und Drehmomente von einer Welle auf eine Nabe übertragen zu können, müssen beide Bauteile form- oder Kraftschlüssig miteinander verbunden werden. Sind die zu erwartenden Kräfte und Drehmomente groß, oder werden schlagende Bewegungen erwartet, werden oft *Keilwellenverbindungen* (1) verwendet. Welle und Nabe werden hierbei formschlüssig aneinander angepasst, wobei die Nabe mehrere hochstehende Keile erhält und die Welle mit den passenden Aussparungen versehen wird.

9.1.1 Befehlsgrundlagen KEILWELLEN-GENERATOR

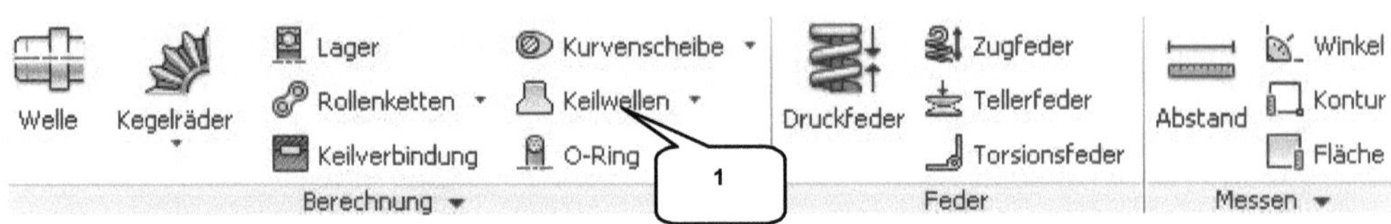

Der 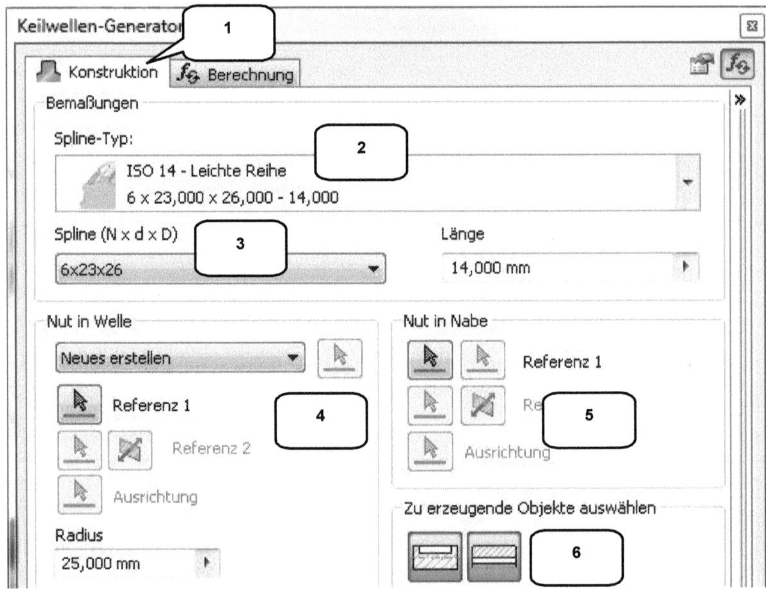 **Keilwellen-Generator** (1) ermöglicht die konstruktive Veränderung von Welle-Nabe-Verbindungen durch Hinzufügen einer Keilwellen-Verbindung. Die Bearbeitung einzelner Elemente (nur Welle oder nur Nabe) ist ebenfalls problemlos möglich.

9.1.1.1 Register KONSTRUKTION

INHALT

Im Register **Konstruktion** wird der Keilwellen-Typ festgelegt, die geometrischen Abmessungen definiert und Referenzen werden festgesetzt.

OPTIONEN

1) Register: Konstruktion/ Berechnung
2) Keilwellentyp
3) Keilwellen-Maße
4) Referenzen für Welle

5) Referenzen für Nabe
6) Welle und Nabe oder einzeln
7) Dateibenennung/ Berechnung aktivieren/ deaktivieren

9.1.1.2 Register BERECHNUNG

INHALT

Der Register **Berechnung** ermöglicht die Auswahl der Festigkeitsberechnung, eine Definition der Belastungen, Bemaßungen, Verbindungseigenschaften und Materialien von Welle und Nabe.

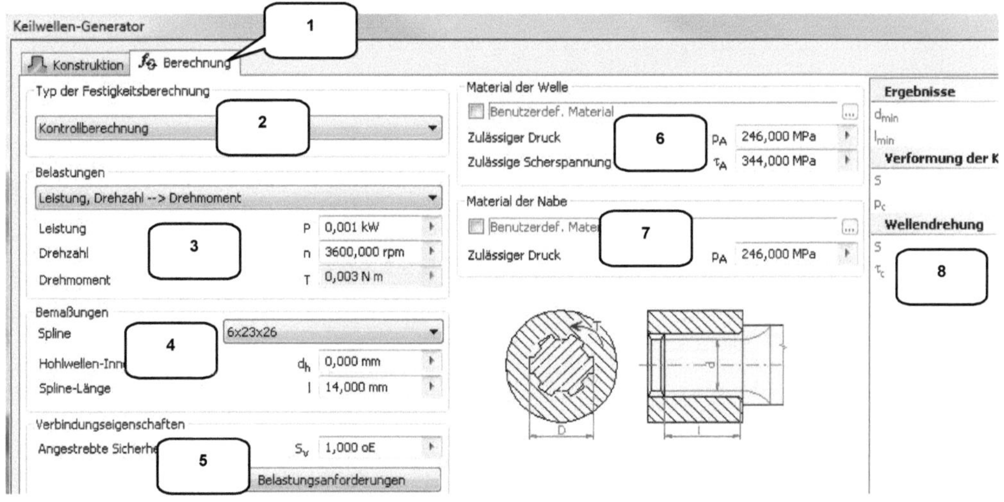

OPTIONEN

1) Register: Konstruktion/ Berechnung
2) Typ der Festigkeitsberechnung
3) Belastungen
4) Bemaßungen

5) Verbindungseigenschaften
6) Wellenmaterial
7) Nabenmaterial
8) Berechnungsergebnisse

9.1.2 Erzeugen einer Keilwellenverbindung an der Getriebeausgangswelle

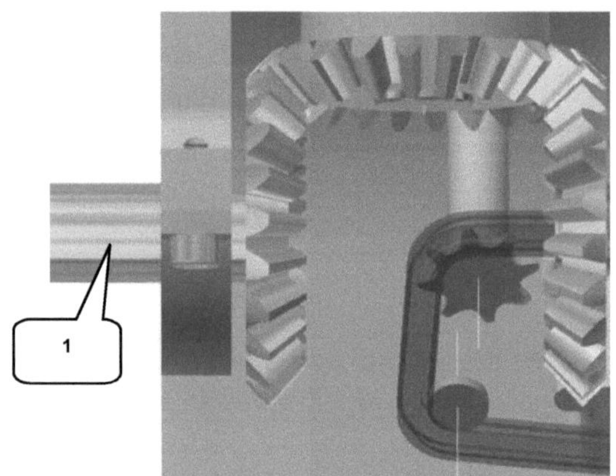

Das Bauteil **Kegelrad.ipt** besitzt an seiner Rückseite eine Welle (1), welche aus dem Getriebe herausragen wird. Über sie soll der Kraftfluss aus dem Getrieberaum nach außen geleitet werden.

In der folgenden Übung soll dieser Wellenabschnitt mit einer Keilwellenverbindung versehen werden.

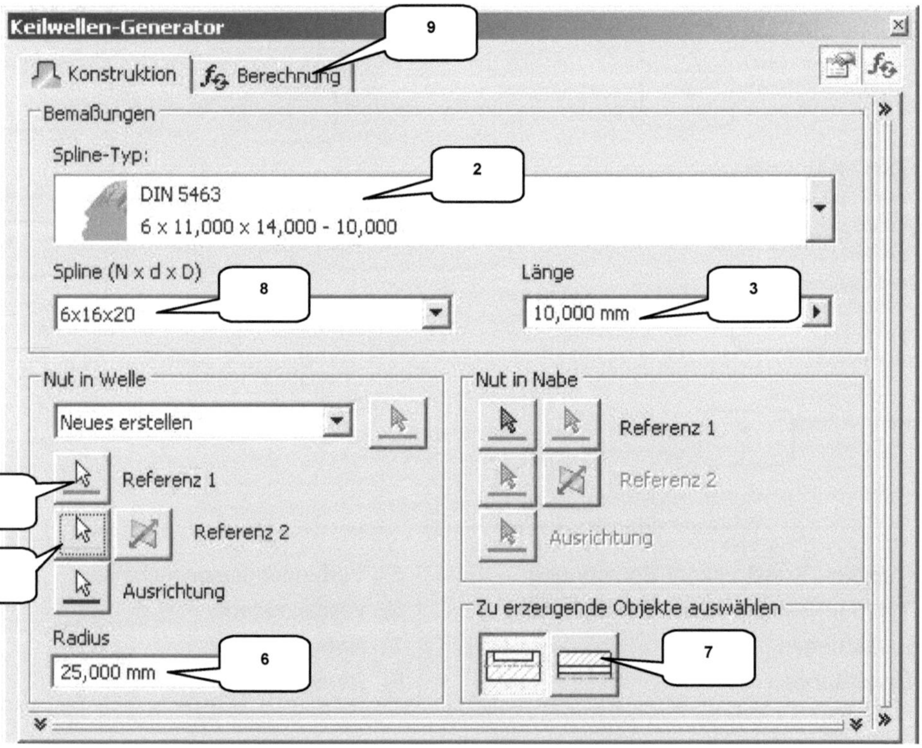

Klicken Sie ins Feld **Spline-Typ** (2), wählen Sie die Norm **DIN** und aktivieren Sie die **DIN 5463**. Die Länge der Nut ist mit dem Wert **10 mm** (3) zu bestimmen. Als **Referenz 1** ist die Zylinderfläche des Kegelrades (4) zu wählen. Als **Referenz 2** die Stirnfläche der Welle (5). Übernehmen Sie den Radius **25 mm** (6) und <u>deaktivieren</u> Sie die Option **Nut in Nabe** (7). Im Feld **Spline** sollte jetzt die Größe **6x16x20** (8) aktiviert werden. Wechseln Sie ins Register **Berechnung** (9) und starten Sie die Berechnen **Berechnung**. Bestätigen Sie die Eingaben abschließend mit OK **OK**. Das Fenster **Dateibenennung** kann ebenfalls mit OK **OK** bestätigt werden.

10 Gestellgenerator

10.1 Der Motorradrahmen

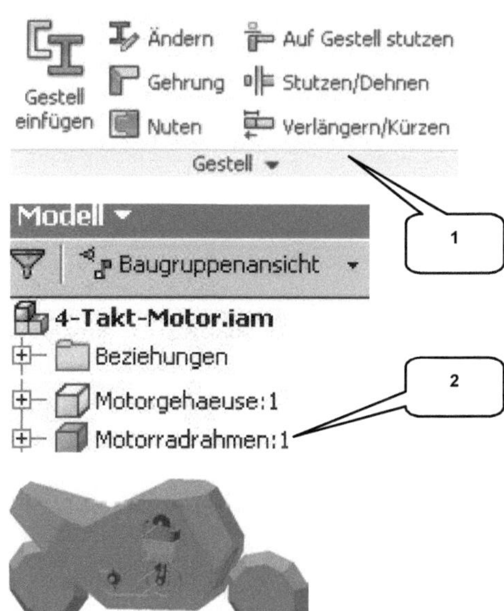

Für die Rahmen- und Profilkonstruktion hält das Programm die spezielle Befehlsgruppe **Gestell** (1) bereit. Anhand vorhandener Referenzobjekte (Linien, Punkte, Kanten), können komplexe Rahmengestelle konstruiert werden. Das Programm greift hierbei auf Profile aus dem Inhaltscenter zurück. Jeder einzelne Strang wird als separates Bauteil erstellt und kann jederzeit abgeleitet oder bearbeitet werden.

Klicken Sie im Modellbaum auf das Bauteil **Motorradrahmen.ipt** (2) und aktivieren Sie dessen Sichtbarkeit (**rechte Maustaste** > **Sichtbarkeit**). Das Bauteil enthält einen Volumenkörper, dessen Kanten als Referenzen dienen werden.

10.1.1 Befehlsgrundlagen GESTELL-GENERATOR

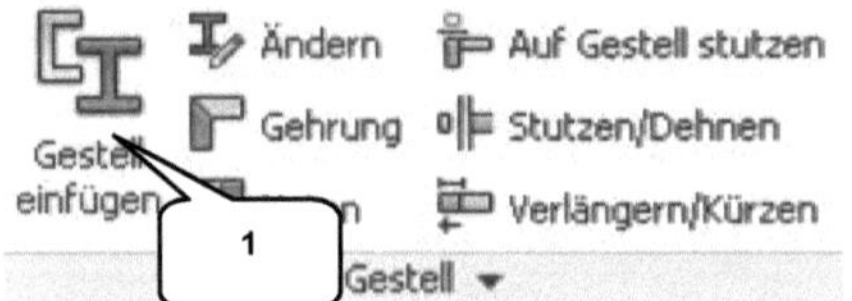

Mit dem **Gestell-Generator** (1) können Profilelemente aus dem Inhaltscenter in die Baugruppe importiert werden. Als Referenzen dienen wahlweise Linien, Punkte oder Körperkanten.

OPTIONEN

1) Profilelement für Gestell wählen
2) Ausrichtung des Profils
3) Referenztyp (Punkte/ Kanten) und Auswahl der Referenzen

4) Dateinummer und Bauteilname automatisch aus dem Inhaltscenter abrufen

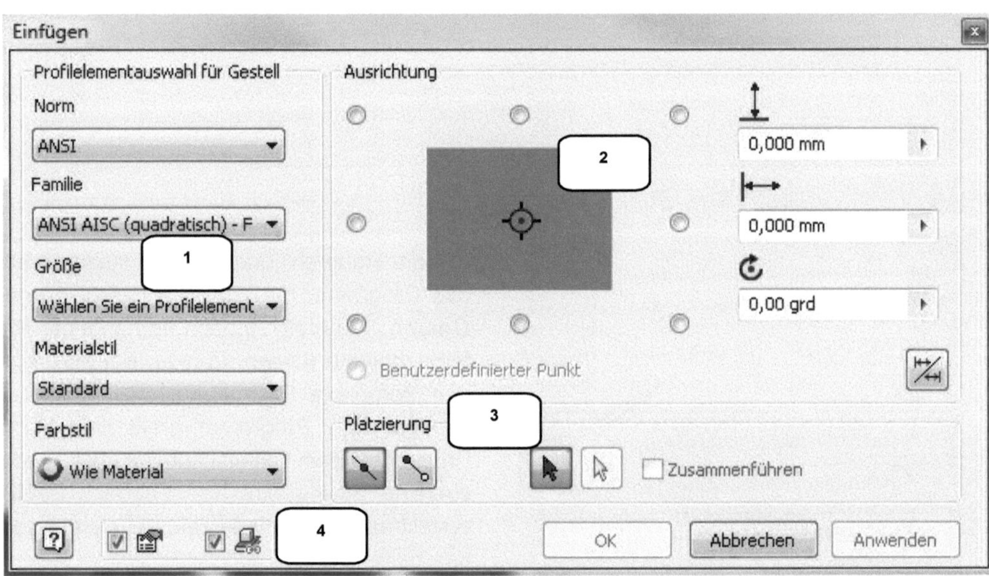

10.1.2 Motorradrahmen und Reifen generieren

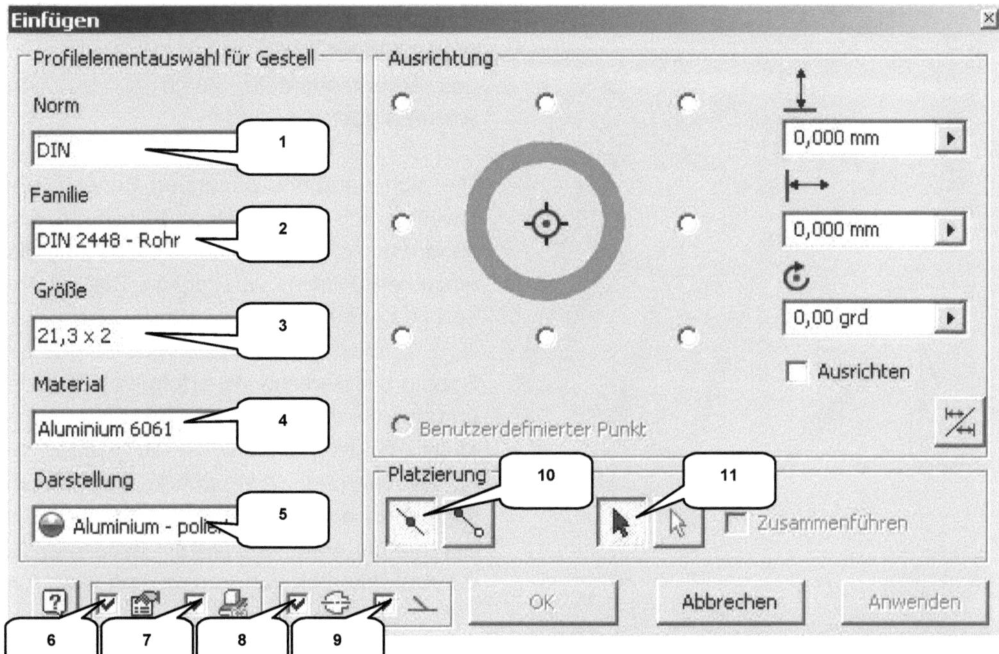

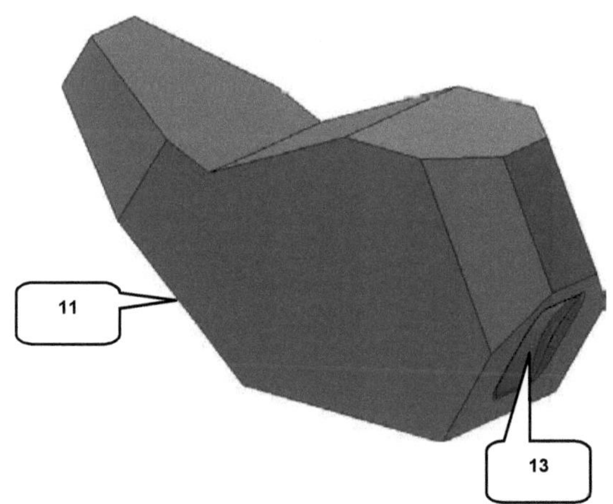

Wählen Sie im Gestell-Generator die Norm *DIN* (1), die Familie *DIN 2448 - Rohr* (2), die Größe *21,3 x 2* (3), das Material *Aluminium 6061* (4) und die Farbe *Aluminium poliert* (5). Aktivieren Sie die vier Kästchen (6...9) und aktivieren Sie den Platzierungstyp *Profilelemente auf Kante einfügen* (10).

Wählen Sie jetzt nacheinander die *Referenzkanten* des mittleren Volumenkörpers (11), bis alle Kanten mit einem Rohr versehen wurden (siehe Abbildung (12)). Die Aussparungen für die Reifen (13) sind nicht zu verwenden.

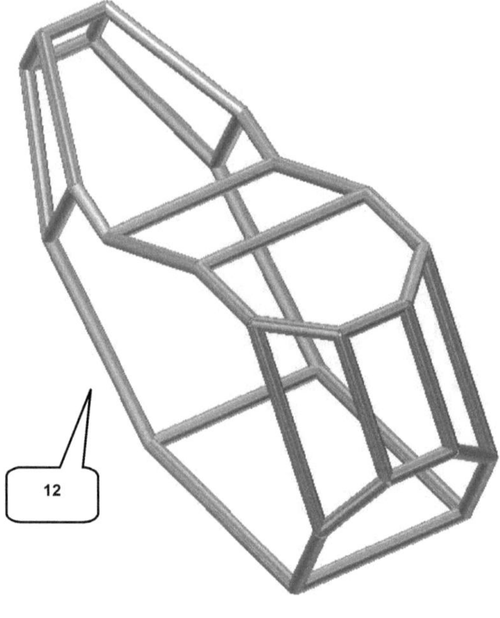

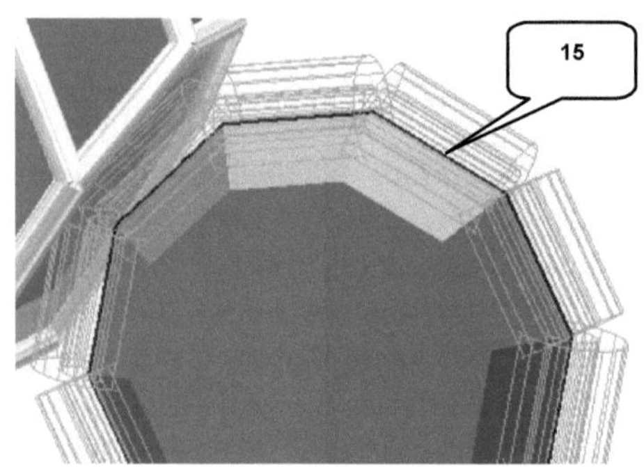

Sobald alle markierten Kanten bei Ihnen mit der nebenstehenden Abbildung übereinstimmen (der Volumenkörper wurde hier ausgeblendet), kann eine erste Berechnung des Rahmenmodells durch `Anwenden` **Anwenden** gestartet werden.

Die sich daraufhin öffnenden Fenster sind jeweils durch `OK` **OK** zu bestätigen. Das Programm startet mit der Berechnung der einzelnen Profile, was einige Zeit in Anspruch nehmen kann.

Sobald die Berechnung erfolgreich beendet und das Gestell vollständig generiert wurde, kann mit der Konstruktion der Räder begonnen werden. Übernehmen Sie alle Einstellungen aus Abbildung (14) und wählen Sie als **Referenzkanten** nacheinander die Außenkanten von Vorder- und Hinterrad (15). Bestätigen Sie abschließend mit `OK` **OK**.

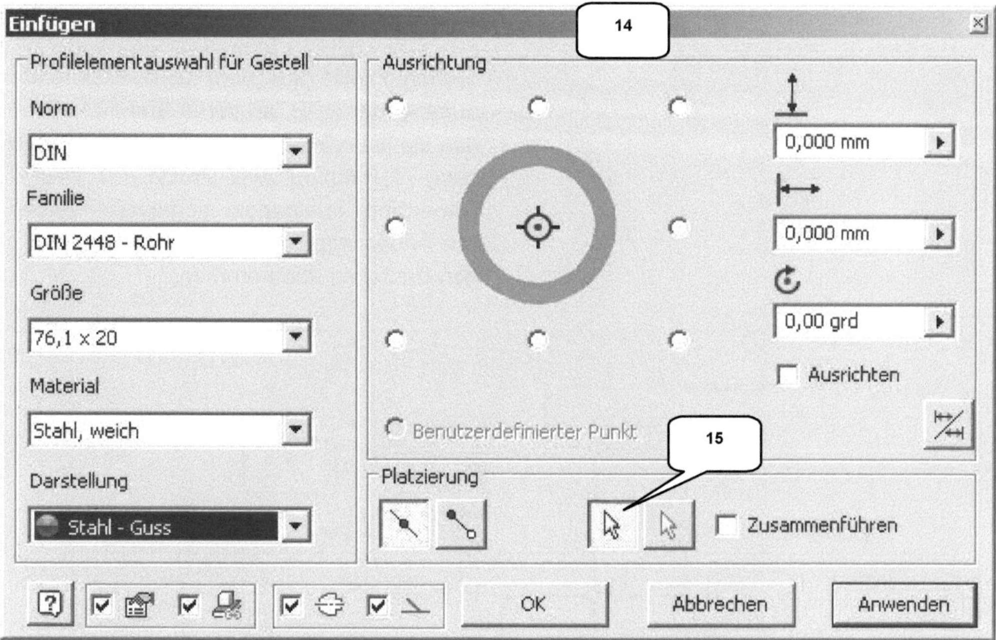

Verlassen Sie temporär die Bearbeitung des Rahmens (Zurück), um das Bauteil **Motorradrahmen.ipt** wieder auszublenden (**rechte Maustaste > Sichtbarkeit**). Um zurück in den Bearbeitungsbereich des Rahmens zu gelangen (dieser wird als eigenständige Baugruppe erzeugt), doppelklicken Sie auf die Baugruppe **Frame0001.iam** im Modellbaum. Die Baugruppe sollte jetzt erst einmal **gespeichert** werden.

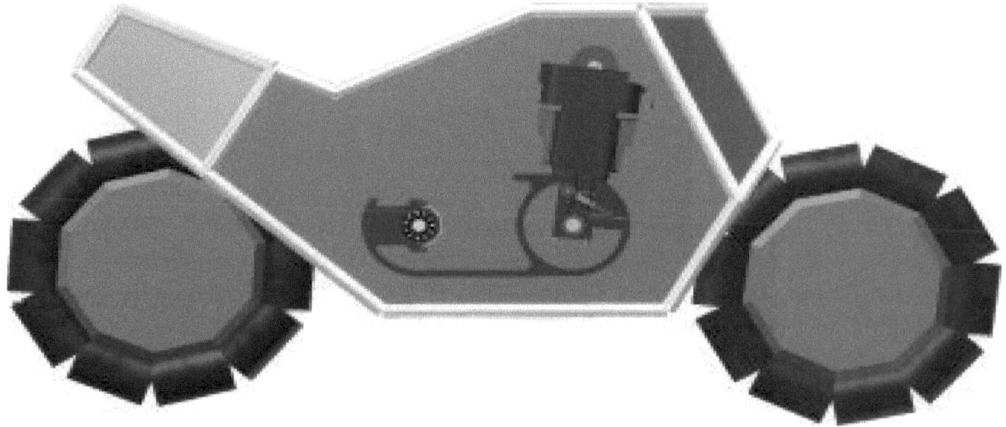

10.1.3 Befehlsgrundlagen GEHRUNG

Treffen Profile aus dem Gestell-Generator aufeinander (z. B. an deren Enden), schneiden sie ineinander. Mit dem Befehl ⌐ **Gehrung** (1) können zwei Profile des Gestell-Generators aneinander angepasst werden. Die Änderungen werden von den zugehörigen Bauteilen übernommen.

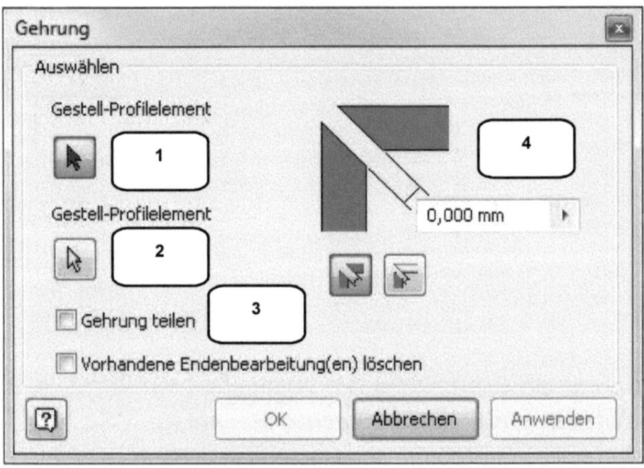

OPTIONEN

1) Erstes Profilelement
2) Zweites Profilelement
3) Gehrung teilen, vorhandene Bearbeitungen löschen

4) Abstand und Ausrichtung des Schnittes

10.1.4 Rohrsegmente aneinander anpassen

Wählen Sie als erste ⌐ **Referenz** das markierte Rohr (1) und als zweite ⌐ **Referenz** das markierte Rohr (2). Aktivieren Sie die Optionen **Gehrung teilen** (3) sowie **Gehrungsschnitt auf beiden Seiten** (4) und tragen Sie den Abstand **0 mm** ein (5). Bestätigen Sie die Auswahl durch ⌐Anwenden⌐ **Anwenden**. Das Programm errechnet den optimalen Zuschnitt der Segmente und bearbeitet beide Rohre. Wiederholen Sie den Befehl bei den restlichen Rohren beider Reifen.

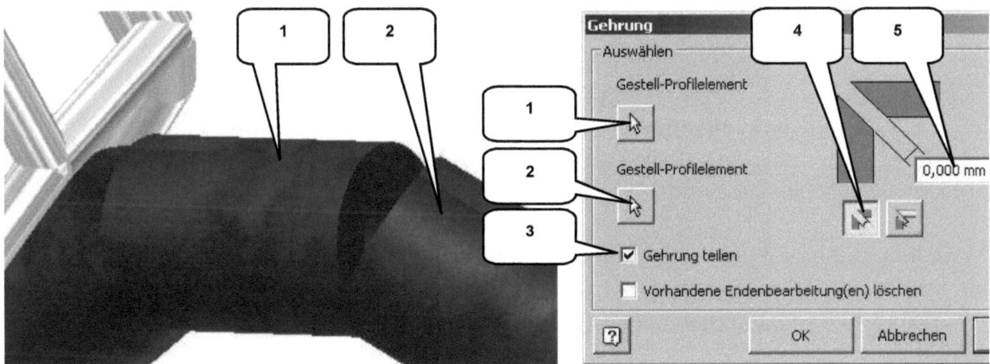

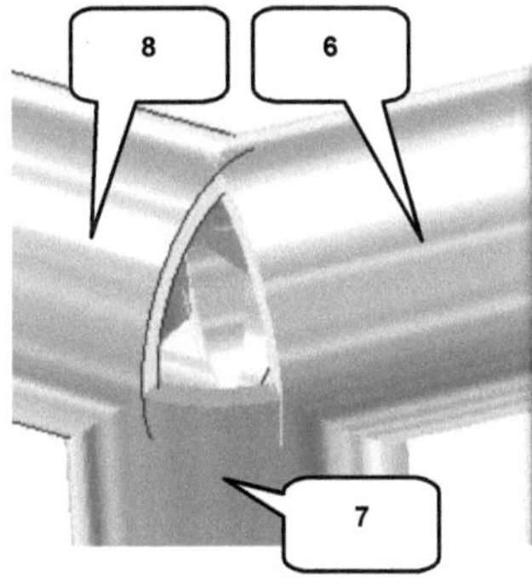

Sobald beide Reifen als lückenlose Rohrelemente dargestellt werden, wird der Befehl beim Rahmen des Motorra-
des wiederholt. Hier gibt es allerdings eine Besonderheit:
Es treffen jeweils drei (nicht nur zwei) Rohrsegmente aufeinander. An jeder Schnittstelle muss der Befehl daher auch
dreimal ausgeführt werden. Suchen Sie sich eine beliebige
Ecke des Motorradrahmens heraus und beginnen Sie dort
mit der Bearbeitung. Verwenden Sie dieselben Einstellungen wie beim letzten Befehl.

Wählen Sie für die erste Gehrung als *Referenzen* die
Rohre (6) und (7) und bestätigen Sie den Befehl durch
Anwenden. Wählen Sie danach als *Referenzen*
die Rohre (7) und (8) und bestätigen Sie den Befehl durch
Anwenden. Wählen Sie abschließend als *Referenzen* die Rohre (6) und (8) und bestätigen Sie den Befehl
durch *Anwenden*. Im Resultat sollte jetzt die in Abbildung (9) dargestellte Eckverbindung zu sehen sein. Wiederholen Sie den Befehl für jede Ecke des Rahmens.

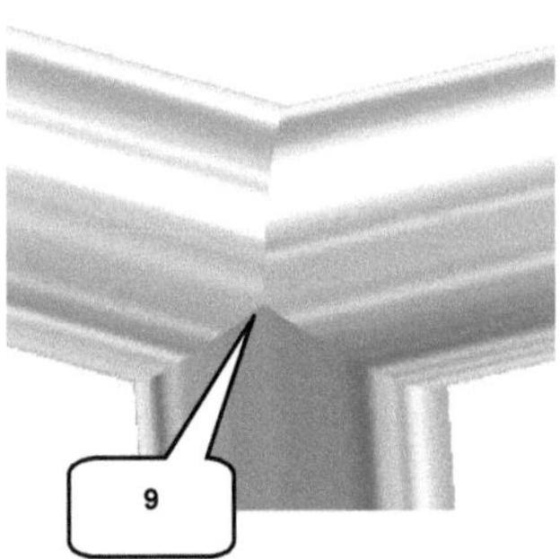

Der Bearbeitungsbereich der Baugruppe *Frame0001.iam*
kann anschließend *verlassen* und die Hauptbaugruppe *gespeichert* werden.

11 Schlusswort

Der Autor des Buches hofft, dass Sie bei der Arbeit mit dem Programm und dem Übungsprojekt viel Spaß hatten. Der Inhalt des Buches wurde sorgfältig geprüft. Leider können Fehler nicht ausgeschlossen werden.

Wenn Ihnen während der Arbeit mit dem Buch Fehler auffallen sollten, oder wenn Sie Ideen zur Verbesserung des Inhaltes haben, ist Ihnen der Autor für jeden Hinweis per E-Mail dankbar. Konstruktive Anmerkungen können jederzeit an:

➢ ***schlieder@cad-trainings.de***

gesendet werden.

Vielen Dank.

FSC
www.fsc.org
MIX
Papier aus ver-
antwortungsvollen
Quellen
Paper from
responsible sources
FSC® C105338